U0157604

怪诞猫科学

（英）斯蒂芬·盖茨　著

唐祥译　富煜雯　译

辽宁科学技术出版社
·沈阳·

谨以此书献给

我了不起的爸爸埃里克·盖茨，

谢谢你让我成为一个好奇的人

目　录

第 1 章　　引言　　　　　　　　　　　　　　　4

第 2 章　　猫是什么　　　　　　　　　　　　　8

第 3 章　　猫的身体构造　　　　　　　　　　18

第 4 章　　猫的解剖学　　　　　　　　　　　38

第 5 章　　关于猫行为的奇怪科学　　　　　　50

第 6 章　　猫的感知能力　　　　　　　　　　82

第 7 章　　猫的语言　　　　　　　　　　　　92

第 8 章　　猫与人类　　　　　　　　　　　102

第 9 章　　猫与狗　　　　　　　　　　　　124

第 10 章　　猫的饮食　　　　　　　　　　　138

参考资料　　　　　　　　　　　　　　　　148

致谢　　　　　　　　　　　　　　　　　　157

索引　　　　　　　　　　　　　　　　　　158

第 1 章　引言

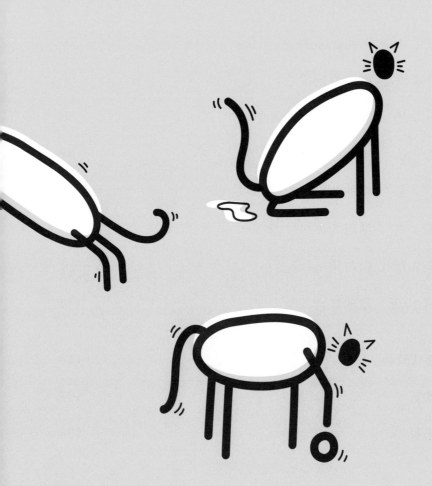

一个非常不科学的
引言

这本书主要歌颂了全世界3.73亿只*毛茸茸的小家伙们，它们华贵、善变、自私、阴阳怪气，它们会对家具痛下杀手，爱玩毛线球，还经常去捕吓小鸟。它们进入了我们的生活当中，并让我们控制不住地爱上了它们。

尽管这是一本旨在揭示猫的日常表现背后的动物学本质的严谨的科普书，但是在这个情感与事实相互交融的现实世界，有时候我们得暂时脱离那些生冷的知识。那么现在，我希望你能允许我占用你的一点点时间，聊些其他内容。在过去的17年里，我养过两只猫，第一只叫汤姆·盖茨（Tom Gates），是一只肥硕又贪吃但是性格极其温顺的大块头，它打起呼噜来就像1972年的名爵跑车一样轰隆作响，我非常非常爱它。尽管如此，它还是经常跑到爱给它喂食的邻居家中厮混，但是它温柔、可爱、体贴、敏感，以至于它去世的时候我伤心不已，泪流成河。

我现在养的猫叫"赖皮"（Cheeky，显然这名字并不是我取的），它跟汤姆完全不同，它是一只有点凶而且两面派的小怪物。它喜欢趴在我的头上

---

* 全球猫咪数量统计在2亿~6亿只不等。据Statista的数据，全球宠物猫的数量约为3.73亿只，但这不包括大量的流浪猫——数量上可能是宠物猫的两倍。据估计，英国有750万只宠物猫，美国有9420万只，澳大利亚有300万只。

睡大觉，没事就张开爪子挠我。每天早上它用舌头舔我的眼睛把我舔醒，还总是非常兴奋地把家拆了。

它最喜欢趴在我的键盘上（屁股对着我的鼻子），它会删了我的文件，改了我的文章，甚至乱发电子邮件（尽管它并不会拼写），我为了撰写这本书所付出的多日辛劳也被它毁于一旦。它喜欢盒子，讨厌吸尘器，当我给它去除脖子上的跳蚤时，它会像蛇一样发出嘶嘶的声音。当天黑之后，它会变得腼腆且依人，有的时候还会去挑衅狗。它几乎讨厌每一个人，尤其是讨厌我家那条邋遢的布鲁（Blue），当然，身为狗的布鲁还是对它报以无私真挚的爱。真的要命，它的变幻莫测却激起了我心中那超越理性的、无法言喻的激素爆发，我们管这种情感叫作爱。

我羡慕，羡慕它们顺从本性、简单天真的生活，羡慕它们每天趴在窝里就会感到心满意足，羡慕它们拥有那种可以从享受时的快乐状态迅速转变为肾上腺素爆棚的狩猎或战斗状态的能力。正如我们所知，猫并没有抽象思维，不会心存希望与抱负，从不愧疚与自责，也不优柔寡断与自我怀疑，从来不会受到道德伦理以及嫉妒等的困扰。然而，与人类居住在一起，它们给予了我们一个目标，一个让我们扮演起父母角色的动力，让我们倾注爱和关心，让我们甘心为它们掏腰包，并且让我们把来自外界的焦虑放到一边。这就是养猫的魔力所在：我们对它们了解得越多，对自己也就了解得越多。

从进化的角度来说，猫"最近"才进入人类的家庭中，寻求温暖、庇护、食物以及要我们帮它们给耳朵后面挠痒痒。从本质上来说，它们依然是野蛮的食肉动物，但为了与我们同居，它们极其罕见地产生了跨越物种的信任感。我们很幸运它们走进了我们的生活当中，尽管它们善变、高冷，又爱掉毛，不改食肉哺乳动物的恶性并且特别爱损坏家具，但是我依然觉得我们从它们那里得到的东西要比它们从我们这里得到的东西多得多。

非常感谢你读这本书。有一个团体古怪却又可爱，叫作科学传播者，我是这个团体中的一员。我们不仅仅乐于告诉你许多让你惊讶的知识，更重要的是，我们致力于让学习变得有趣。你也许会在科学节、喜剧俱乐部、学校、电视、酒吧以及聚会的后厨发现我们。如果说我们希望你能从各种各样的知识中发掘出共同的一样东西，那就是科学是迷人的、令人震惊的、启迪心智的，而且总是非常非常的有趣的。如果你在大街上碰见了我们，请过来与我们打个招呼。但有一点要注意，我们可都是知识储备狂魔，所以我们会给你讲好多好多的东西。

注意

这个世界上有几十种猫科动物，包括狮子、豹、美洲狮、家猫以及华贵的兔狲，但是我们都知道这本书里说的猫到底是哪种猫吧？对，就是我们家里养的猫。所以为简便起见，接下来我说的所有的猫都指家猫，除非我特殊说明。

免责声明

请勿将本书中的所有内容当成兽医、动物行为学家、训练者的建议。如果你对你家的猫有任何的担心，请去寻求执业兽医师或者动物行为学家的帮助。

一个小小的请求……

请善待动物，请记住它们对世界的体验与感知和我们非常不同。

第 2 章　猫是什么？

2.01 猫的简史

2000万年前～1600万年前

假猫，一种史前猫科动物，被认为是猫科动物的祖先，它们生活在欧亚大陆，然后迁移到了北美洲。

700万年前～600万年前

猫亚科，包括豹猫属、兔狲属、猫属（包括如今的家猫），从猫科动物的祖先中分化出来。

800万年前

家猫的远房表亲在北美洲进化。

250万年前

令人印象深刻的剑齿虎（一种牙是锯齿状的猫科动物）灭绝前生活在北美洲和南美洲。

3500万年前～2800万年前

猫科动物起源于始新世末期或渐新世初期。

600万年前

家猫的远亲迁移回亚洲。

公元前2890年

古埃及人信仰巴斯泰托（Bastet），一个狮子面相的女神（后来被认为是猫相）。

公元前9500年

农业社会在中东的新月沃土地区蓬勃发展。农业发展促使储存谷物，导致啮齿动物增多，进而出现猫捕食啮齿动物。

公元前450年

在埃及，杀死一只猫会被处死刑。

公元前5500年

豹猫（不是豹，是一种小型野猫，不同于我们常见的家猫）在中国被单独驯化。

公元前400年—公元元年

公元前400年—公元元年虽然猫仍然受人尊敬，但是猫被大规模地饲养、杀掉并被制成木乃伊，以供寺庙游客作为宗教祭品购买。

公元前7500年

塞浦路斯境内发现被驯养的猫的遗骸。

公元前2000年

在埃及，猫开始被当作宠物饲养。

公元前300年

英国铁器时代的丘堡内有猫和老鼠的遗骨，表明在罗马人征服英国前，猫就被引入了这个地方。

公元962年

比利时的伊普尔市（Ypres）禁止市民崇拜猫。

公元1233年

教皇格里高利九世（Gregory IX）将猫和撒旦联系在一起，导致数百万只猫被杀掉。

这里长眠着

CATVS CATOPOLOVS

我最爱的猫咪

愿它安息

11

公元1715年

启蒙时代来了，教会不再强烈地控制民意，猫被当作宠物并越来越受人们欢迎。

公元1823年

教皇利奥十二世（Leo XII，1823—1829）养了一只猫，起名叫米切托（Micetto）。

公元1658年

爱德华·托普塞尔（Edward Topsell）这样写道："人们熟悉的女巫，通常以猫的样子出现。"

公元1817年

在比利时伊普尔市，每年都举行扔猫活动，活猫被从钟楼上扔下，直到1817年，这种虐猫活动停止。

公元1665年

伦敦暴发的鼠疫疫情被归咎于猫的头上，尽管鼠疫是由老鼠身上的跳蚤引起的；20万只猫和4万只狗被杀死了（从而消灭了老鼠的天敌）。

猫肥料

1888年，一位埃及农民在两座寺庙附近发现了一个葬有30多万只猫木乃伊的坟墓。这些木乃伊没有被遗弃，而是被剥去外面包的亚麻布，运往英国和美国，在那里被用作营养肥料。

公元1895年

第一场猫咪秀在纽约麦迪逊广场花园
（Madison Square Garden）举办。

公元1900年

出于"人道主义"，在纽
约数千只野猫被围捕或者
用毒气毒死；孩子们每个
人抓到一只猫可以得到5
分钱的报酬。

公元1947年

猫砂开始在
美国商业化
销售。

公元2014年

猫的全基因图
谱问世。

公元1975年

英国海军舰艇禁止
养猫。

公元1871年

一场大型的猫展在
伦敦水晶宫举办。

公元1910年

佛洛伦斯·南丁格尔
（Florence Nightingale）
去世，它生前拥有60多只
猫。

2.02 你的猫基本上算可爱的小老虎吗？

算是，也不完全算是，算有几分相似吧。

没错，你的猫和大自然中最可怕的顶端捕食者有一种让人恐惧的相似性。老虎和家猫都是猫科动物家族中独立的成员，它们是专性食肉动物（见第142页），并且拥有可怕的可伸缩爪以及30颗牙齿，能够快速伏击猎物。它们都喜欢攀爬、抓挠、吃草以及摩擦某个东西留下气味。从解剖学和生理学的角度来看，它们有着共同的用以导航的胡须、皮毛、犁鼻器（见第86页）、眼睛中反射光线的脉络膜层（见第83页）；它们发出的呼噜声、嘶嘶声、叫声、咆哮声（见第94页）都一致；它们还都会发出咕噜的声音（见第95页——但是老虎只能在呼吸的时候发出咕噜声）；它们都喜欢把牙齿咬进猎物的后颈以杀死猎物；还有一点，它们在幼崽时期都一样的可爱；它们都喜欢睡觉，喜欢猫薄荷，喜欢在盒子里玩耍；并且，它们有95.6%的DNA相同。那么，我们可以认为猫基本上就是一只老虎吗？

实际上并不完全是。虽然猫和老虎看起来很相似，但是不可否认的是老虎要大一些。39.625只平均大小的猫的总体积相当于一只平均大小的老虎，77.5只猫的总体积相当于一只体格较大的雄性老虎——所以，家猫对猎物的潜在威胁比较低就不足为奇了。老虎的叫声也更大。从进化的角度来看，豹猫大约在1080万年前从中型猫和小型猫科动物中分离出来，所以豹猫和其他猫科动物虽然有一定亲缘关系，但它们并不完全是兄弟姐妹。

　　当然，我们都喜欢把我们的猫看作是大型猫科动物，所以你应该很高兴，猫科动物和豹科动物之间有着更多的行为相似性而不是差异性。2014年发表在《比较心理学杂志》（*Journal of Comparative Psychology*）上的一项研究也得出了同样的结论：家猫在性格上与非洲狮有3个共同点：支配性、冲动性和神经质。

人与香蕉1%的同源性

猫与老虎有95.6%的DNA是相同的，
但是这并不意味着你的猫有95.6%是老虎。
我们人类有85%的DNA与老鼠相同，
有61%的DNA与果蝇相同，
有1%的DNA与香蕉相同，
但这并不是说我们有85%是老鼠、61%是果蝇、1%是香蕉。
相反，这意味着地球上所有的生命都是
16亿年前的一个细胞进化而来的，
我们都需要氧气，所以我们都是远房亲戚。

2.03 你的猫和野猫、流浪猫有什么不同？

几乎没什么区别。你的猫（Felis catus）跟一只亚非野猫（Felis lybica）几乎没什么两样。亚非野猫的祖先们跟人类生活了好多代——大约在1万年前。人们普遍认为，野猫在农业社会开始后不久就加入人类的生活当中，当时人类开始储存谷物，由此吸引了许多啮齿动物。野猫被那些美味的啮齿动物所吸引，并且与附近的人类建立起了联系，人类提供食物给野猫，野猫帮助人类去消灭那些祸害。这些猫的后代越来越社会化，它们与人类一起成长，在人类这里它们可以安全地繁衍后代。家猫和亚非野猫是如此地相似，直到2003年才最终敲定前者为一个独立的野猫亚种，叫作家猫属。

野猫看起来像一个有着沙灰色毛皮的巨大的条纹标签——它们的长相确实就是这样。它们遍布于非洲、阿拉伯半岛和中东，通常生活在山区，但在撒哈拉沙漠等沙漠地带也有它们的身影。自从野猫和家猫分化之后，它们之间的变化相对来说很少，除了体型的轻微缩小以及一些可支配性方面的增加——有些野猫是因为对人类的喜爱和对人类生活环境有适应性而被挑选出来的。

另一方面，野猫也许只是从人类社会中逃离或者被人类所遗弃的家猫。如果你自己养的猫每天都在外面鬼混，那么它和野猫没什么两样。谢天谢地，没有人类野猫依然生活得很好，但是这对于爱猫人士来说却很苦恼。一旦它们独立起来，往往会避免与人类接触，不再喜欢被触摸，而且会重新开始捕食野生动物，这可能会造成毁灭性的生态学后果。澳大利亚的一项研究表明，每只澳大利亚野猫平均每年杀死576只鸟类、哺乳动物和爬行动物，而一只宠物猫则平均杀死110只。许多人都尝试去控制野猫的数量，并取得了不同程度的成效。TNR策略（陷阱—绝育—放归）被认为是最人道的方法，但这个策略消耗了大量的资源，而且对整个野猫群体数量的影响似乎很小。野猫的不同寻常之处在于，它们不像一些独行种，它们生活在庞大的群体中，互相分享食物、水和住所等必需品，它们甚至会互相帮助抚养彼此的幼崽。但总的来说，家猫、野猫、亚非野猫非常相似，它们可以互相杂交。

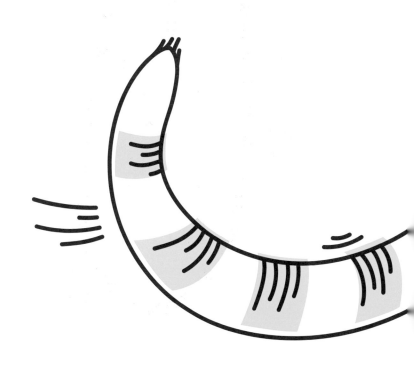

第 3 章
猫的身体构造

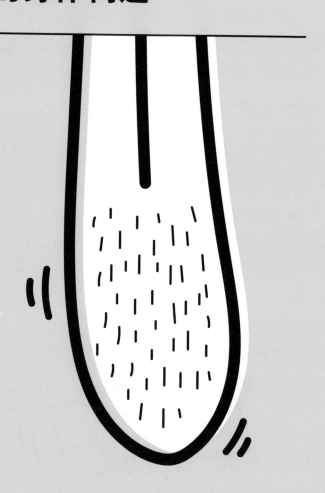

3.01 为什么猫的舌头这么奇怪?

如果你曾经被猫舔过,你会发现它的舌头是如此粗糙——就像砂纸一般,而且多舔几下,你的皮肤就会被刮破。我知道这一点,因为我的猫在每天早上6点会舔我的眼睛。是的,它把我的眼睛舔开,没错,这是你能想象到的最不愉快的事。

一项发表在《美国国家科学院院刊》(*Proceedings of the National Academy of Sciences*)上的研究表明,猫的舌头上覆盖了上百个微小的倒钩,叫作倒刺。研究人员利用CT扫描来分析这些倒刺,并用慢镜头拍摄了猫梳理自己毛发的过程,以观察这个过程中发生了些什么。结果证明,这些倒刺是勺形的且中空的,每一根都可以储存唾液,并在猫用这些倒刺梳理毛发时转移到皮毛上(大概这就是为什么猫有理由认为它们不需要洗澡)。

研究人员还观察了狮子和老虎的舌头,发现了相同的倒刺结构,因此得出结论,所有猫科动物的舌头的功能都是一样的。他们这么写道:"倒刺内的唾液深入毛发内部,倒刺的根部富有弹性,使得毛发很容易被清除。"*

舌头上的这些结构让猫相较于其他动物而言更容易清洁自己,尽管猫的皮毛多且复杂(这也是猫一般比狗好闻的诸多原因之一)。

猫在喝水时也会利用倒刺产生的额外的表面张力,通过舌头成卷把水送

---

* 整篇研究报告都可以在网上免费阅读,报告非常有趣。
〔https://www.pnas.org/content/115/49/12377〕.

进嘴里（相比之下，狗在喝水时总是用舌头拍打水面造成液体飞溅）。这不是在清晨折磨主人的借口，但是确实很吸引人。

长舌头的猫

如果你有几分钟的空闲时间，
那么去ins上看看一只名叫索林（Thorin）的猫吧，
它不仅有一双奇怪的蓝眼睛，
而且有一个非常非常长的舌头。
最长的猫的舌头没有记载的世界纪录，
但是索林的舌头确实特别长。

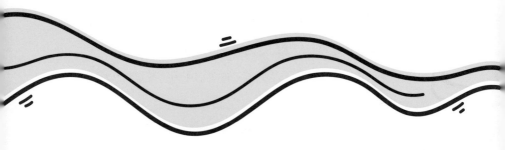

3.02 为什么猫这么柔韧?

猫是一个敏捷的狩猎机器,它们的骨骼轻但是很坚韧,骨骼数目比人类多大约20%(我们是206块,猫是244块)。这些多出来的骨骼主要分布在背部和尾巴上,有助于提高速度、平衡性和敏捷性。然而,猫真正的特长在于它们的灵活性,这主要是因为它们的脊椎骨和前肢之间的连接很松散,它们通过肌肉和韧带而不是关节附着在肩膀上。这使得猫易于弯曲,有助于它们跳跃、攀爬、伸展,以及捕捉移动的猎物或躲避大型动物的捕捉。这也意味着猫可以随意压缩自己,把自己挤进一个狭小的空间当中。

因为猫的锁骨与其他任何骨头都不相连,它们的颈部非常灵活,可以将头扭成180°进行左右两侧的梳理。如果猫的脑袋能够穿过一个洞,那么大多数猫整个身体都可以穿过这个洞(在Youtube上有很多相关视频)。这种柔韧性是它们非凡的自我逃脱技能中重要的一部分。

跳远冠军

**根据吉尼斯世界纪录,
猫最远的跳跃距离是6英尺(约182.88厘米)。
这只猫的名字叫阿利(Alley)。**

3.03 猫的交配

好啦，你们不要想歪了，我不想像你们一样花一个早晨的时间去谈论猫的生殖，但确实需要给你们好好讲一讲这块的内容。不要在我背后傻笑，在我们读完整个"肮脏"的章节之前，谁都别想走。

猫在6~9个月大的时候就开始性成熟了，而未绝育的雌猫通常在每年的春季和秋末开始发情。雌猫的卵巢产生激素，使得它们发出气味并且发出叫声，吸引未绝育的雄猫。雌猫在取暖时摩擦四肢，或在家具上翻滚或伸展身体，这其实是在寻求关注（无论是从人类身上还是从其他猫身上）。它们也会使自己置于交配的姿势——即使是在被人类抚摸时，这个时候它们的前爪放低，尾巴悬在空中。

猫的交配通常发生在夜晚。雌性聚集的地方，雄猫们尿尿，互相争斗，发出自己寻求交配的声音。雌性在此时非常负责地处理着事务，它们选择自己最满意的追求者，愤怒地攻击它们不喜欢的雄猫。当一只雌猫做出选择后，它允许雄猫骑跨在它身上——于是，雄猫咬住它颈部的皮肤，一方面是为了稳定，一方面是为了安全，所以它不会咬对方——之后让雄猫的阴茎在射精之前插入它短短的阴道里（顺便说一句，这个过程是雌猫向后退而不是雄猫向前伸）。这对雌性来说很痛苦，因为雄猫的阴茎有120~150个倒刺，当雄猫将阴茎退出时会划伤雌猫的阴道，这会导致雌猫立刻攻击雄猫。虽然听起来有些可怕，但是疼痛会促进雌性卵巢排卵，雌性很快会想和雄性再次交配，通常会交配几次，或者跟别的雄猫交配。

如果交配失败，雌猫也没有成功受孕，那么几周之后雌猫会再次发情。如果成功受孕了，那么孕期将持续63天左右，平均每胎产下3～5只小猫（但可能会更多）。这些小崽的父亲可能是同一只雄猫，也可能是几只雄猫，但是雌猫会给它们做上标记。

3.04 猫是左利手还是右利手？

贝尔法斯特女王大学（Queen's University Belfast）的研究人员发现，猫在取拿食物、走下台阶或越过障碍物时，有明显的运动爪偏好（它们要么爱用右爪，要么爱用左爪）。总的来说，73%的猫在伸爪子去拿食物时会偏爱使用某一只爪子，虽然这很大程度上取决于每只猫的偏好，但我们发现雌性明显偏好使用右爪，雄性明显偏好使用左爪。

研究小组没法解释这种性别上的差异，但是该项研究的合作者黛博拉·威尔斯（Dr Deborah Wells）发现了一个奇怪的联系：大脑的右半球负责处理负面情绪，而"左利手动物更依赖于右半球处理信息，往往表现出更强的恐惧反应、爆发的攻击性，但是它们对压力的应对能力比较差"。要得出左利手偏好的雄猫比雌猫更易怒、更神经质的结论是夸张的，但这背后肯定有更多东西需要我们去发现。

顺便说一嘴，运动爪的偏好现象在动物王国中并不罕见。95%的袋鼠是左利手，100%的粉色凤头鹦鹉是左利手，4岁以下的马往往是右利手，而牛接触不熟悉的东西时是左利手，接触熟悉的东西时是右利手。

3.05 脚掌与爪子的科学

猫是趾行动物，这意味着它们要踮起脚尖走路。这是它们的一个特点，可以让它们快速、安静并且能够准确地移动。它们还有一种非常聪明的行走模式，叫作直达标记（direct register），这种行走模式是指猫的后爪会精准地踩上前爪的步伐。这有助于它们通过减少走路时的声音来更有效地跟踪猎物，同时给其他动物留下更少的行动踪迹。在犬类动物中，只有狐狸也采取这种行走模式。

猫的行走步态是它们诸多特点中的一个，在这一方面只有两种动物跟它们相同：骆驼和长颈鹿。这是一种什么样的步态呢？这是一种在一侧同时移动双腿，然后再同时移动另一侧的双腿的步态。但是当它们加速到小跑起来时，它们和大多数哺乳动物一样使用对角线步态，位于对角线的前后两条腿同拍同时向前移动。当猫加速奔跑时，它们会采取不对称的四拍模式——仔细观察一下，你会发现你的猫的四只脚在不同的时间落在地上。

脚掌

大多数猫前脚掌有5只脚趾，后脚掌有4只脚趾——总共18只。每只前掌有4个脚趾，再加上1个不触地的悬趾。它们的前腿上还有一个叫作腕垫的肉垫，类似于我们用的那种腕垫。这种结构可以产生额外的牵引力帮助猫在斜坡上行走，但是它被认为是进化过程的附加物，现在已经没什么用了。猫的后爪更简单，只有4只脚趾。在前爪和后爪上都有一个很大的中央掌骨垫，但由于它没有爪子附着，所以它并不是真正的脚趾。

脚垫与你脑袋上的头发很类似——它们被粗糙而坚硬的角质化上皮细胞所覆盖（人的头发由角蛋白丝组成，上皮组织是动物的四大基本组织之一，其他的还有肌肉组织、神经组织和结缔组织）。脚垫有助于增加牵引力，使猫不太容易滑倒。在脚垫的里面是厚厚的脂肪组织和结缔组织（就是脂肪和皮下的胶状组织），作为富于弹性的减震器，可以保护承重的四肢和韧带。

海明威的六趾猫

一只正常的猫有18只脚趾，
而有先天性异常的多趾猫则有额外的脚趾，
这并不是很罕见。
作家欧内斯特·海明威（Ernest Hemingway）
在佛罗里达州的基韦斯特（Key West）养了一只多趾猫，
这只猫是一位船长送给他的，是一只白色的六趾猫。
如今，他在小岛上的房子（现在是一座博物馆了）里
仍然住着几十只多趾猫。
尽管它们胖胖的脚掌使它们看起来像拥有一根拇趾一般，
但这似乎并不会给它们带来任何困扰。

爪子

爪子是猫攀爬、打架、捕猎以及抓挠你的裤子最有力的工具。几乎所有的猫科动物家族成员都有爪子——狮子的爪子可以长到1.5英寸（约38毫米）长。猫的爪子向后卷曲（这使得它们很容易爬上树，但是不太适合爬下来）。和肉垫一样，爪子也是由角蛋白组成的。和人类的指甲不同，猫的爪子直接从指骨中生长出来，内部含有血管和神经组织。你可能偶尔会发现猫的爪子掉落在地上或者卡在你的裤子里，这是因为爪子的外层，也就是鞘，每隔几个月会自然地脱落。

你的猫可以随意缩回它的爪子，如果它不介意的话，你可以轻轻地捏它的掌骨垫看一看这种现象的发生。猫用韧带和肌腱来控制它的爪子，收缩指屈肌肌腱来伸缩它们。当处于放松状态时，猫会让爪子完全覆盖在皮毛内，以保持它们的锋利。如果爪子并不是很锋利，它们也可以通过弯曲爪子以获得最大的抓地力，如果爪子弯曲过度，那么它们会更容易地被厚材料缠住。如果它的爪子太长了，你可以小心地把它们剪掉——但要去咨询一下兽医的建议，也要小心一些，防止爪子将你挠伤。如果我拿我家那只猫做尝试的话，它一定会把我的鼻子挠掉。

3.06 为什么猫会有尾巴？

猫奇特的尾巴由20根尾椎骨组成（取决于品种），它们控制尾巴的灵活程度让人吃惊。尾椎骨通过一组复杂的肌肉和肌腱而连接在一起，这使得猫可以独立地移动尾巴的任何一部分，一直到尾巴顶端。尾巴有很多让人惊讶的交流用途（见第97页），但也可以让猫跑步、追逐、跳跃以及着陆更加方便，在快速运动时以及在狭窄的表面上行走时（比如说围栏的顶端）保持平衡。猫从空中自由掉落时也可以通过旋转尾巴保持身体的直立（见第30页）。你不能拽猫尾巴，猫尾巴里有着丰富的神经纤维，对于控制猫的排便也十分重要。

虽然猫的尾巴非常有用，但并不是必不可少的。因受伤而失去尾巴的猫也可以成功地生存下来。让人感到奇怪的是，马恩岛猫（Manx cats）没有尾巴，但似乎它们的敏捷性没受什么影响（繁殖这个品种的猫很困难，因为拥有两个无尾巴基因的纯合胎儿个体大多数都会流产）。

最长的家猫尾巴

根据吉尼斯世界纪录的数据，
有一只名叫天鹅座雷古拉斯·鲍尔斯（Cygnus Regulus
Powers）的银色缅因库恩猫（Maine Coon cat），
其尾巴长17.58英寸（约44.66厘米）。

3.07 为什么猫会有一双邪恶的眼睛?

分钟之前，你家那只猫的眼睛又大又圆，闪闪发光，当太阳穿出云层之后，它就变成了一条窄缝，看起来有点吓人。

我们人类拥有圆形的瞳孔，可以通过扩大或缩小来调节进入我们眼睛的光线量。但是猫的眼睛是精巧的狭缝，工作起来就像滑动门一样。在黑暗的条件下，猫的瞳孔会滑动打开，让尽可能多的光线进入眼中，这个时候它们的瞳孔看起来更圆；但在光线充足的地方，它们的瞳孔会滑动关闭，只留下一条小缝隙，以免使它们失明。猫和蛇、壁虎及短吻鳄都存在这种解剖学上的奇特现象，这使得它们的眼睛可适应的光照强度范围要比人类更广泛：它们的瞳孔大小在收缩与扩张之间可以变化135 ~ 300倍，而人类只能变化15倍。多出来的调节范围使得猫可以更好地应付夜晚捕猎与白天自我保护的双重挑战。这一点有点像吸血鬼。

2015年，一项发表在《科学进展》（*Science Advances*）上的研究，通过分析214种不同的物种，发现了眼睛的结构与三件事有关：动物觅食的方式、动物活动的时间、动物体型的大小。包括马、鹿、山羊在内的畜牧动物与猫有着相似的眼部结构，但它们整个眼球都可以在眼窝内旋转，这样能保持瞳孔线与地面平行，以寻找捕食者。这种水平的瞳孔系统帮助这些动物从上面阻断阳光，这样把精力集中在地面上。但猫一般是捕食者而不是猎物，它们的狩猎方式通常是攀爬，是垂直的而不是水平的，因此，垂直范围对猫来说更为重要。

3.08 为什么猫总是脚先着地？

1894年，法国生理学家艾蒂安·朱尔·马雷（Étienne-Jules Marey）利用特制的连续摄影枪（摄像机的鼻祖，看起来像一把被砍断的加特林机关枪）拍摄制作了第一个猫的视频。他想了解为何猫总是双脚先着地，他的视频捕捉到了答案。猫拥有惊人且出色的自我复原机制。你可以在YouTube上看到马雷拍摄于19世纪90年代的视频：一只猫被倒挂着，从高处落下来，你大概也知道接下来会发生什么。

猫的平衡感依赖于视觉、本体感觉（一种通过肌肉、肌腱和关节内的传感器获得的身体位置和运动的感觉）和前庭感觉（内耳的平衡与空间的感知机制）的非凡组合。在掉落的1/10秒内，猫的前庭系统会分析哪个方向是上方，之后猫把头转向地面，用视觉判断它要去哪里，现在离地面有多高。从这里开始，我要讲的一切都涉及生物力学的知识：猫蜷起前腿，伸直后退，旋转身体让正面对着地面（猫会像花样滑冰运动员一样，利用惯性来控制旋转——四肢缩成一团或者伸展开来）。

然后，当它的前腿朝向正确的方向时，它会迅速转动重新定位后腿，伸展前腿，缩回后腿，这样它可以扭转身体以面向地面。这种操作通常是由反向旋转的尾巴来辅助进行。得益于猫拥有30块非常灵活的脊椎骨，你在慢镜头中会看到猫身体的旋转过程。在更高的地方落下时，猫会张开四条腿来增加风阻，形成一个降落伞的样式，将最终的速度降至85千米/时。

当猫准备接触地面时，它会把腿伸向地面，背部拱起。在正式接触地面时，它的脚着陆后，背部的拱形便会松弛，吸收一些冲击力，保护脚部。整个过程很精彩，难道不是吗?

　　猫需要时间来完成这个自我矫正的动作，所以，掉落的高度越低，猫越有可能伤到自己。1987年的一项研究发现，从高层建筑掉落下来的猫有90%能够活下来，只有其中的37%需要紧急医学救助，而在这些需要救助的猫当中，从7层到32层掉下来的猫要少于从2层到6层掉下来的。让人惊讶的是，那只从32层掉下来的猫只摔掉了几颗牙齿，一小部分肺被刺破，48小时之后它就又可以正常走路了。

猫中幸存者

猫的适应力很强。
根据吉尼斯世界纪录的记载，
1999年，在中国台湾发生地震后的80天，
在一座倒塌的大楼里发现了一只被困的猫。
这只猫的体重降低了50%，
但是后来在一家兽医医院它完全康复了。

3.09 你的猫身上有多少根毛发？

只猫身上平均每平方毫米有200根毛发，猫的皮肤的表面积约为0.252平方米，体重约4千克，大约共有5040万根毛发。这个数量和我们人类相比多得多，我们有9万～15万根头发，全身有500万根毛发。但与其他动物相比，猫就显得相形见绌了：尽管蜜蜂的体积很小，但是它们也有300万根毛，而海狸则有100亿根毛发。但即使是海狸也无法与条纹状蝴蝶和月蛾相抗衡，这两种生物都有1000亿根微小的毛。

猫的毛发就像一片奇幻而又复杂的丛林，有不同类型。按照从短到长的顺序依次是：绒毛、芒毛、护毛和触须。绒毛形成了一层柔软的、较短的绝缘层，显微镜下可见的微波让这层绒毛更加有效。芒毛更结实，尖端增厚，构成中间层，保护下层的绒毛，并且提供额外的绝缘。护毛形成粗糙的外层，以保护下方的绒毛以及芒毛，并且保持它们的干燥。护毛可以保护毛囊，还可以检测空气的流动，并能控制毛发竖立，以对愤怒和恐惧做出反应（这个行为叫作立毛）。高度敏感的触须主要分布在嘴巴、耳朵、下颌、前腿和眼睛上方，用于判断风向以及在黑暗中进行接触式导航。每100根绒毛大约与30根芒毛和2根护毛相匹配，当然这跟品种有关。在嘴巴两侧通常有12根触须，身体其他部位也有不同数量的触须。缅因库恩猫没有芒毛，斯芬克斯猫（Sphynx）只有一层薄绒毛，没有触须。

你的猫的毛发可以保护它免受伤害，但是最主要的功能是保持猫的体温在38.3～39.2℃——比人类的体温范围要高2℃。这个功能叫作体温调节，毛发是一个绝佳的绝缘层让猫感觉到舒适，尽管这个绝缘层也会使其很难冷却

（见第47页）。

　　猫有复合的毛囊（意味着每个毛囊内含有许多毛发），它们分泌油性的皮脂以保持皮毛的光泽和健康。这些毛囊还能产生充满恶臭气味的液体——不是为了降温，而是为了与其他猫进行交流。毛发是由高度不溶的坚硬的角蛋白组成，这使得它们非常结实，但是同时也不易于消化。因此，猫会经常吐毛球（见第46页）。

3.10 为什么猫不会像狗一样吠叫？

在 YouTube上搜索"吠叫猫"这个词，你会看到一个非常受欢迎的视频，视频中一只黑猫危险地蹲伏在敞开的窗户上，对着外面的什么东西在吠叫。当有人打扰它时，它吠叫的声音就变成悲伤的哀号。不管这个特殊的吠叫是不是假的，关于猫可以发出像吠叫一样的叫声的报道比较常见——就像那些奇怪的喵喵叫的狗一样。它们的这些叫声并不是真的那么叫（猫的"吠叫"听起来更像是痛苦的咳嗽），但是很明显，猫的叫声可以相当接近于吠叫。

猫和狗发出叫声虽然不同，但有着相同的机制：它们的咽喉、气管和膈肌是相似的。狗叫时大量气体迅速通过声带排出，从而产生吠叫的声音，要比正常猫叫声音大，但是有些猫也会发出吠叫声——可能是因为它们在模仿邻居的宠物狗，可能是因为它们生病或糊涂了，或者可能只是为了吓吓那些讨厌的狗。

所以，猫其实会吠叫，但是它们为什么不那么做呢？因为它们不想这么做。猫是孤独的猎人——除了交配时，它们会积极地避免遇见其他猫或者和其他猫进行交流，所以它们不喜欢制造噪声，于是它们不会去吠叫（在对峙的时候猫发出吠叫其实是为了避免肢体斗争，而不是像拳击手那样在赛前称重时发出的嘲讽）。另一方面，狗是社会群体动物的后代，它们从大量的沟通交流中受益，其中吠叫就是一个特别明显的例子。但问题是，我们不知道吠叫意味着什么，我们也不知道它有什么意义，而且很有可能狗本身也不知道。

3.11　为什么猫这么爱睡觉？

猫是一个大懒虫，每天可以睡16个小时，所以当它们10岁时，实际上处于清醒的时间才3年。奇怪的是，在睡眠时猫的大脑有大约70%的时间继续接收着气味和声音的刺激信息，以使它们对潜在的危险或狩猎的机会迅速做出反应。即使家猫醒着，家猫也真的很懒。平均而言，它们仅仅花3%的时间站立，3%的时间行走，只有0.2%的时间处于高度活跃的状态。

猫睡得很多，实际上是因为它们不需要做太多其他的事。它们的主人满足了它们所有的基本需求，除非它们抽风了或者想上厕所，不然它们起来干吗。当然，它们有的也要满足自己的狩猎需求，尽管人们曾认为猫在黎明和黄昏的时候捕猎，但最近的研究表明，每只猫的作息时间表都有很大的差异。虽然许多猫在日出和日落时活跃，但也有许多猫是夜间捕猎者，甚至还有许多几乎不捕猎。尽管如此，但所有的猫基本上都是被驯化的亚非野猫的后代，它们天生就喜欢夜间捕猎，所以它们通常在晚上更活跃，所以白天睡得更多，为夜间活动储存能量。

猫和人类的青少年一样，只有在绝对必要的情况下才会消耗能量。如果你给你的猫喂了很多可口的食物，它会根据你的喂食时间调整它的睡眠模式，而且它也不太可能需要保持清醒。即使这样，它本能的狩猎欲望仍然会驱使它时不时地去追逐猎物（捕猎的成功程度有所不同），也不管它是否需要额外的食物。

3.12 你的猫多大了？

与人类相比，猫在出生后的前两年生长非常迅速，然后发育就会减慢。

猫龄	等价于人的年龄
3个月	4岁
6个月	10岁
12个月	15岁
2岁	24岁
6岁	40岁
11岁	60岁
16岁	80岁
21岁	100岁

但是，该如何比较人类和猫等截然不同的物种的衰老情况呢？研究人员采取了观察我们共同的发育特征（如断奶、独立性和性成熟，以及行为变化）的策略。

在大约12周大的时候，小猫就从与其他猫互相玩耍转变为玩玩具或某个物件，这最终会演变成为猫之间的攻击性。它们在6个月左右达到性成熟，最早的也有可能是4个月。取决于性别，幼猫会在1～2岁时离开家庭，此时它们也经常以尿液作为标记，或者进行其他的行为。随着年龄的增长，成年猫玩耍的次数更少，体重更容易增加（就像我一样），而略微年长的猫和老年猫会经受行为、健康状况以及发声等方面的变化，而且老年猫容易受到与人类出奇相似的健康问题的影响。

在野外，猫的预期寿命是2～16年，爱待在屋里的家猫平均寿命为13～17年。野猫的寿命要比家猫短，因为它们经常会遭受猫群之间的斗殴或者交通事故等危险。

猫的心跳

猫的生命很短暂。
它们的心跳速度是每分钟140～220次，
而人类的心跳速度是每分钟60～100次。
相比之下，矮鼠的心跳是每分钟1511次。

第 4 章
猫的解剖学

4.01 猫屎为什么闻起来这么臭？

现在我们简单地了解一下猫的内脏。从表面上来看，猫有许多和我们一样的消化系统：口腔、胃、幽门、十二指肠、小肠、胆囊、胰腺、肝脏、结肠、直肠。但猫的消化系统要比我们的短得多，特别适合肉类的代谢，使肉类代谢速度更快且易于分解（食物在猫的体内转变为粪便的时间大约为20个小时，而在人体内则需要50个小时）。有趣的是，猫没有阑尾，这个器官长期以来一直被认为是人体内毫无用处的进化废物，但最近的研究证明它可以保护肠道内的有益细菌。

为什么富含肉类的饮食会产生难闻的气味？这是因为肠道中蛋白质进行分解后会产生许多难闻的硫化物，包括硫化氢和含甲基硫醇——吃鸡蛋后放臭屁的罪魁祸首。摄入大量蛋白粉的健美运动员放屁臭可是出了名的。

但是猫屎里面含有一种成分让其味道达到了另一个高度。曾有日本的研究人员研究了猫屎的气味，最终得出结论，猫屎中含有一种类似白葡萄酒中含有的有机硫化物。这种猫特有的化学物质叫作3-巯基-3-甲基-1-丁醇（MMB），是由猫（而不是狗）产生的名叫猫尿氨酸（felinine）的特殊氨基酸经分解生成的。MMB是一种有着强烈的腐烂气味的硫醇类物质（恶臭熏天、臭名远扬的含硫化合物），通常雄猫的粪便中含有的MMB要多于雌猫的粪便。

猫似乎知道它们的粪便有多难闻，这就是为什么它们经常试图把自己的粪便埋起来。这不仅仅是天生的爱整洁或者害羞——性格温顺的猫可能会这么做，也是为了避免招来当地猫恶霸的麻烦。你的猫也可能会把粪便埋在你的花园里，以尊重你是房子内的顶级掠食者，或者仅仅是因为当它幼小的时候看到它的母亲也这样做，而其实那是为了避免自己的幼崽被人注意。人们偶尔发现猫会在主人的衣服上拉屎，这可能是分离焦虑的表现。

那猫尿呢？为什么也这么难闻？猫的反社会本性与它们必须聚在一起进行交配的要求发生了冲突。这就是为什么气味对它们来说如此重要：这是一种不用见面就能约会的方式。它们的尿液气味反映了它们很多的信息，从气味可以得知它们的身体状况、健壮程度、对交配的准备程度，甚至是它们之间的亲缘联系（由于近亲繁殖而导致的遗传问题使进化方向发生偏移）。

年轻的猫的尿我们不敢说它好闻，但总比老年雄猫的尿味好闻多了，老年猫的尿液总是有刺鼻的、腐烂的、氨水一般的气味。再说一遍，猫尿氨酸是产生这种难闻气味的主要原因——雄猫产生的猫尿氨酸是雌猫的5倍，而且一只雄猫摄入的高蛋白越多，尿液中的这种成分就越多。雄猫尿味越难闻越表明它是一个出色的猎人，因此对于一个想要它的后代继承最好基因的雌猫来说，这样的雄猫是一个更有吸引力的伴侣。猫的尿液中还含有一种不寻常的氨基酸，叫作异戊烯（isovalthene），当这两种化学物质通过氧化以及微生物分解而降解时，它们会产生二级气味化合物，如MMB，以及二硫化物和三硫化物，为雄猫尿液增添特殊的气息。

猫砂

1947年，猫砂首次在美国上市，

养猫的人由此而增多。

它通常是由膨润土制成的，

潮湿时膨润土会聚集在一起，

有效地将粪便包裹在一层黏土中，很容易将其挖出来。

然而，其中很多东西是不可生物降解的，

最终只能被填埋，

饲养宠物由此增加了许多生态负担。

可生物降解的垃圾是由木屑和各种植物来源的材料制成的。

以前人们喜欢用报纸，

但最终可能会令人作呕。

4.02 为什么猫不会放屁？

说到放屁我可特在行。*人类每天可以轻松排出1.5升的气体，但是大多数的猫从来不会放屁（尽管它们的粪便味道很臭）。这一切都与猫的纯蛋白质饮食以及与其饮食相匹配的生理机能有关。大多数人类放屁排出的气体是细菌分解蔬菜的副产物，再加上少量的空气，以及少量的蛋白质衍生的刺激性挥发性化学物质，这些刺激性挥发性的化学物质便是你噗噗排出的肠道气体难以言表的气味的主要来源。

简单地说，屁由两部分组成：细菌分解植物纤维产生的大量气体，以及蛋白质分解产生的少量气味强烈的挥发物。猫是专性食肉动物（见第142页），它们吃大量产味的肉类，但很少去吃产气的蔬菜。它们其实有放屁的生理机制——有可以发酵食物的结肠和一个紧密的圆形括约肌，但它们相对较短的消化道更容易让蛋白质在小肠内分解，而不是植物纤维在结肠内经冗杂的过程分解产生气体，然后噗噗地排放出来，它们就是做不到。

不过，猫的结肠仍然很吸引人。它们发展到现在主要有两个功能：从食物中吸收水和电解质，以及控制粪便的稠度。当然，结肠内有一个微生物群（生活在我们肠道中的微生态系统），尽管这对胃肠道的健康和水分吸收至关重要（大多数猫的水分摄入来自它们的食物），但是与人类相比，猫体内的肠道微生物群并不大，而且猫也不依赖它们获取营养。

---

* 《一本正经屁学》（*Fartology: The Extraordinary Science Behind the Humble Fart*），斯蒂芬·盖茨著（Quadrille出版社，2018年出版）

相较来说，狗是偏向于杂食性的食肉动物。它们可以吃一小部分需要细菌分解的植物，所以自然就会产生气体。虽然我们可能认为狗比人类更能放屁，但其实真正原因可能是狗不会因为放屁而感到尴尬，所以它们想放就会放。相比之下，我们会倾向于在上厕所或在床上睡觉的时候放（或者只是正好盖了个被子，想释放一记呛人的气体）。

的确有的猫偶尔会放屁，但这并不寻常——许多兽医说他们从未见过猫放屁。如果你的猫放屁了，这可能是由于吞了很多空气或者是胃肠道受到了感染，有寄生虫或者是因为吃了过多植物或牛奶（结肠中分解乳糖也会产生气体）从而引起了肠道微生物的失衡。如果将食谱改为全部都是肉食还没有解决问题，那么建议你领着你家的猫去看看兽医吧。

4.03 为什么猫会经常呕吐？

就算猫是健康的，它们也经常呕吐，有诸多原因：可能只是吃得太多，吃得太快，然后决定清空一下肚子，这种情况比较常见；也可能是食物没有太多时间与消化液混合便反刍出来。证明你家的猫有没有呕吐就是你有没有在地毯上发现一摊坚硬的块状或者管状的污泥——还好，它很容易被清除，拿一块湿布（然后捏住你的鼻子屏住呼吸）去擦就可以。

比较难处理的是另一种呕吐物。食物与酸性胃液混合，酸性胃液使食物中的蛋白质变性，使其更稀薄、刺激性更强，更容易穿透昂贵的厚绒地毯。一般来说，干呕让猫感觉更难受，它可能是由过敏或一些刺激胃的东西引起的，比如草、地毯线或尖锐的东西。这时候你需要准备一锅温水，可能还要橡胶手套，但是对你的猫来说吐出来总比留在体内要好。我的猫每3~4周就会呕吐一次，几乎每次都是因为暴饮暴食引起的（少食多餐对它的肠胃好，但它总是忘），如果是夏天，偶尔是因为草引起。

更令人担忧的呕吐是由疾病、细菌感染、病毒和蠕虫等寄生虫引起的，如果是因为病原学因素引起的呕吐，那么猫呕吐的频率要比正常情况更加频繁。如果你的猫每周呕吐的次数不止一次的话，或者不停干呕而没吐出任何东西，请赶紧给兽医打电话。

我家始终奉行一个公平的原则：谁先发现的猫呕吐了，谁就先去清理它。那为什么总是我呢？难道其他人在早上进入房间时没有踩上一摊温暖黏糊的呕吐物吗？即使我最后一个进入房间，其他人也没有先发现它。怎么可能呢？难道它们不看地板吗？

用碗将猫嘴里的呕吐物接住可是我的一个大本事——但是这一技能似乎没有得到家人的认可。当我向他们解释细节时，他们往往会迅速地闪开。

4.04 为什么猫会吐出毛球?

看着你的猫吐出一颗毛球没什么好担心的。这些黏糊糊的、臭烘烘的东西，通常是通过一连串咳嗽和干呕把它们从胃里传输出来的。但也奇怪，这些都是猫的正常生理功能。

严格地说，毛球其实是毛粪石。呕出来的毛球往往是一个包裹紧密的皮毛与胃液的混合物，但有时还包括食物以及猫吞咽的其他物质。猫不断地舔毛，再加上舌头的特性，使得它们制造毛球很容易。猫舌头上面覆盖着数百个微小的钩状倒刺（见第19页），可以把松散的毛拔出来，尤其是当猫换毛的时候。这些倒刺有一个灵活的基部，可以防止其被毛发堵塞，但许多毛都会被吞下，最终进入胃里。

当毛发束困在胃黏膜中时，这些毛球就会形成，并且不能通过正常的运输系统进行运输。一旦有几缕毛发卡住了，就会有更多的毛发粘上来而累积。最终，这些毛球产生刺激，并引发猫发出呕吐动作，使腹肌收缩，将毛球送入食道当中。当毛球被挤压通过食道时，挤压将毛球塑造成为我们看到的圆柱形。这是你为了追求皮毛的柔顺付出的代价。

也不是没有解决措施，甚至有一些抗毛球食物还很火，但有些兽医认为它无效，甚至是有害的。更重要的是，任何不会产生毛球的呕吐、干呕和干咳更需要留意，这可能预示着有堵塞问题的发生。

4.05 猫会流汗吗？

不算是真流汗。猫的汗腺很少——事实上，它们的脚掌上的汗腺比身体的其他部分要多。它们的下巴、嘴唇和肛门周围也有一些，但这些汗腺的功能更像是要滋润黏膜，防止它们干燥开裂。猫并不是一个能出汗的动物，它们的皮毛会阻止汗液蒸发，所有的油性水分很快使汗水混浊、黏糊、发臭，变成充满危险细菌的培养基。这可真不妙！

猫的皮毛可以当作一个热调节器，可以保持温暖而不是凉爽。猫是捕猎动物，在黎明和黄昏时通常会大展身手，它们的视觉和听觉在这两个时段占据优势，而且这个时候体温最为凉爽。这就是为什么它们在白天所要做的一切就是睡觉。

猫不能像我们人类一样利用蒸发冷却进行降温，那么它们该如何控制体温呢？睡眠是个好方法——减少活动意味着细胞呼吸和能量消耗都比较低。梳理毛发也很有用，当猫舔自己的皮毛时，它会留下少量的水分，当水分蒸发时，会让它的体温降下来。猫还会采用一些简单实用的小方法，比如躺在寒冷或阴凉的物体表面上。如果它真的很热，它可以像狗一样通过喘粗气来降温，但这很少见。在炎热的夏天留意一下你的猫——如果你看到它的肉垫上湿乎乎的，就该去找一个阴凉的地方让它凉快一下了。但请记住，一只猫的体温范围是38.3～39.2℃，比我们人类的体温范围要高出2℃（见第32页）。你感觉自己很热，它可不见得会感觉热。

4.06 为什么猫爱生跳蚤？

说起跳蚤，我对这些小家伙印象很深。像大多数生物一样，它们不是天生就招人讨厌——它们只是另一种努力生存下去的物种，生活忙碌，抚养后代，寻找食物并寻求一个温暖（毛茸茸的）的地方去躲避生活的风雨。

猫蚤（Ctenocephalides felis）是世界上最常见的跳蚤，它们在温暖潮湿的条件下生长，如在家猫、家犬身上以及家里发现的那些。成年跳蚤是红褐色的，有1~2毫米长，但相对扁薄，就像被电梯门夹过一样。除非你有显微镜，否则你只能在猫的皮毛上看到由成虫、幼虫、蛹和卵组成的小黑颗粒。

比起其他动物，跳蚤更喜欢生活在猫和狗身上，而雌性成虫只能通过吸取血液来繁殖，吸取血液之后它们每天可以产20~30颗卵（一生可以产多达8000颗卵）。在一到两周内，虫卵孵化成幼虫，以有机物碎屑为食——主要是成年跳蚤排出的粪便碎屑。幼虫最终结茧，一周或更长时间内变成蛹，然后成为成年跳蚤，开始以宿主的血液为食，并继续代代循环。

跳蚤不会给成年猫带来什么问题，除非感染严重导致脱水和贫血。但它们可以携带绦虫和猫蚤立克次体病等病原生物，这些病原生物也可以感染人类。

如果身边有毛茸茸的宠物，那么跳蚤不会优先寄居在人类身上，但是一旦跳蚤进入你的生活中，它们就很难摆脱。如果确实感染了跳蚤，请定期用药物对家里的所有动物进行治疗。如果跳蚤很多，那么就用吸尘器将每一个地方每一件物品好好吸一吸，然后将垃圾袋立即丢掉。高温清洗所有物品，尤其是宠物的床上用品，希望这一切都奏效。如果不起作用的话，那是时候叫除虫大队来了。

第 5 章
关于猫行为的奇怪科学

5.01 猫为什么爱打架?

猫天生就讨厌社交,它们真的不想和隔壁那只坏猫果酱(Marmalade)分享花园。这似乎也表明它们总是想撕扯对方——但事实恰恰相反。与绝育的雌性相比,绝育的雄性更不具有对抗性,但是未绝育的雄性却非常有可能打架,尤其是彼此之间打。即使是这样,它们也很害怕受伤,它们会使用所有的声音和肢体语言来避免肢体冲突——主动出击的猫和自我防御的猫一样容易受伤。你可能会听到巨大的声潮逐渐拉高(通常是在午夜),但即使发生了肢体冲突,也往往只是拍爪子——说白了就是"雷声大雨点小",有时冲突还会通过短暂的追逐来解决。

真正升级为全面战斗的情况非常罕见,通常遵循一个共同的过程。首先,把架势拉起来——背部拱起,身体稍微转向一边,皮毛竖立。然后,主动出击的猫慢慢地接近防守的猫,它的头转到一边,一边尖叫着一边慢慢地靠近,有时候也可能一动不动地在那坐着,呻吟、吐口水、咆哮和嚎叫,紧张的气氛会持续一段时间。这个时候那只防守的猫会慢慢地离开。但如果对峙失败了(或者那只防守的猫觉得自己的实力相当),其中一只猫就会试图咬住对手的后颈,开始战斗。防守的猫会立即翻身,用双腿反复地踢攻击者的腹部,同时也张嘴去咬。

这是最有可能受伤的时刻。主动攻击者最开始那一口很有可能咬不中,这样会使其暴露弱点,容易遭受反攻而受到伤害。这两只猫可能会翻来覆去,互相咬、互相踢并且大叫,但往往很快打斗就会暂停,又开始继续对峙,直到一只猫发动另一次攻击或后退。被打败的猫离开时会蜷缩身体,耷拉耳朵，表示屈服，而胜利者则直角转身，象征性地嗅嗅地面，然后慢慢离开。这一切都像人类之间的争斗一样令人沮丧、充满俗气、毫无荣耀可言。

猫界传奇

不爽猫

有一只看起来一脸不爽的美国猫，
名叫塔达尔酱（Tardar Sauce），
在2012年9月的时候首次在网上出现，
当时其主人的哥哥在社交网站Reddit上发布了一张它的照片。
这张照片非常受人们欢迎，
随后这只猫上了电视节目，出了自己的书，
拍摄了蜂蜜坚果麦圈广告，并且还在宠物食品品牌喜跃（Friskies）
赞助的YouTube游戏节目以及电子游戏中出场，
它拥有超过1000多件专利商品。
2014年，它甚至还主演了讲述自己的电影《不爽猫最糟糕的圣诞节》（Grumpy Cat's Worst Christmas Ever）。
塔达尔酱于2019年5月14日死于尿路感染，享年7岁。

5.02 你的猫爱你吗？

有一种用来测试依附心理的标准实验叫作"陌生情景实验"（strange situation）：一位母亲把它一岁的孩子带进一个装满玩具的房间，然后离开。一个陌生人走进房间，然后离开了，最后妈妈又走进房间。宝宝的反应有几种类型。（1）安全依附型（secure attachment）：妈妈离开时小孩哭闹，但妈妈回来时宝宝又高兴起来。（2）非安全感焦虑矛盾依附型（insecure anxious-ambivalent）：妈妈离开时小孩会哭，回来时也难以平复情绪。（3）非安全感逃避依附型（insecure avoidant）：当妈妈离开房间时，小孩并不会有什么表现，但是他们的心率和血压监测显示它们压力很大。大约65%的小孩属于安全依附型，依附心理理论认为，依附形式由父母教养的方式决定，随着小孩长大，依恋方式与性倾向、精神病病态程度和人际关系障碍等息息相关。

心理学家们已经不再重点关注依恋理论，但在这里我们要好好谈一谈这个理论，因为最近在猫身上进行了陌生情景实验，结果非常有意思。在第一次实验时，猫都被吓坏了，不得不放弃测试。后来，研究人员用小猫重新进行了实验，令人欣慰的是，64.3%的小猫对主人表现出了安全依附型依恋。看来猫真的喜欢我们！但只有小猫这样吗？猫那出了名的高冷是逐渐发展起来的吗？为了找到答案，研究人员在一年后又对同一组猫再次进行了实验，得到的结果甚至更高，有65.8%的猫表现出安全依附型依恋。猫对我们是真爱吗？也许吧。顺便说一句，只有58%的狗表现出安全依附型依恋。

猫在迎接我们时会摩擦我们的腿，这是猫爱我们的另一项证明。在少数情况下，猫全家生活在一起，它们会摩擦辈分等级比自己高的，所以小猫摩擦妈妈，小猫摩擦大猫，雌猫摩擦雄猫，反过来的情况则很罕见。因此，它们可能把我们视为家人，也可能当作它们的上级。

俄勒冈州立大学（Oregon state university）的研究人员发现，接受测试的猫中有2/3都是"安全依附型"，依恋它们的主人，虽然依恋行为"弹性很大，但大多数猫把人作为慰藉的来源"。但这项研究结果存在争议：2015年，林肯大学（the university of Lincoln）的研究人员发现，猫并没有表现出对主人的依恋。研究结果有时就这么令人沮丧。

这完全取决于你如何定义爱。猫哭着要喂食，要进屋，要出去玩，要被抚摸，如果你把依赖、控制和操纵看作是一种爱的形式，你的猫可能非常爱你。我曾经交往过这样的女朋友，没过多久我就意识到，不管接吻与拥抱的感觉多么美妙，当自己受到操控时总会感到不安，那种厄运感临头的感觉明确地告诉我们那不是爱。俄勒冈州立大学的另一项研究发现，大多数猫更喜欢的是与人类互动而不是食物，尽管这两者几乎等同。但它仍然不算是爱，是吗？

猫舔我们，用直立的尾巴吸引我们的注意力，坐在我们的腿上发出咕噜声以对我们的陪伴表示很满意，被放出去后往往会自己回家。你可能会说，这对猫来说只是生活便利——它们使用这些技巧来确保自己能够得到定期的食物和温暖的供应。但在《猫的秘密》（Cat Sense）这本书里，约翰·布拉德肖（John Bradshaw）写道：猫对人的依恋不仅仅是功利的，一定是有一些感情基础存在的。他引用了一项研究结果，发现猫的应激激素值在人类与它们接触时要比关在笼子里的时候低很多。他补充写道：猫认为主人是它们母

亲的替代品这一想法是合乎逻辑的。

我们倾向于按照猫的要求去做（所以也许它们对我们施加了"感情支配力"，而不是爱我们，就像一个渣女或渣男一样），但如果它们主动向我们示好，那不是更好吗？林肯大学的研究得出结论，猫"通常是独立自主的……并不一定要依赖于他人来提供安全感"。主导这项研究的丹尼尔·米尔斯（Professor Daniel Mills）教授说："我认为猫和主人在情感上的确有联系，我只是觉得目前我们没有任何令人信服的证据表明这是一般心理学上所讲的依附心理。"林肯大学的研究人员的研究结果非常有力，以至于它们将这篇论文的标题命名为"家猫没有显示出对其主人有安全依附型依恋"（*Domestic Cats Do Not Show Signs of Secure Attachment to Their Owners*）。

2019年一项有趣的研究表明，花更多的时间和你的猫在一起会让它们更依恋你，但是有一点要注意一下，只有当亲近互动的开始与结束都由猫亲自发起才有效。等着看吧，猫很像你交往过的最糟糕的女朋友或男朋友。另一个和你家猫升温感情的技巧是"缓慢眨眼序列"（slow blink sequence）——一项研究表明，慢眨眼会让猫更喜欢你。每次我的猫需要抚慰的时候，我都用这招，它似乎真的很有效。

5.03　为什么猫喜欢猫薄荷？

狮子、老虎、豹子和家猫都会被猫薄荷的叶子强烈地吸引。猫薄荷是一种薄荷科的草本植物，开粉红色或白色的小花。当猫闻到它时，它们通常会啃一啃或者舔一舔叶子，然后表现出类似发情雌猫的行为，在叶子上又蹭又滚，发出咕噜声，流口水，甚至产生了幻觉四处跑。此时猫基本上是高潮了。这种反应持续大约10分钟，然后出现嗅觉疲劳，然后接下来的半小时左右，猫对猫薄荷就免疫了。

猫薄荷对大约2/3的猫有这种吸引力，这是对荆芥内酯的反应，荆芥内酯是猫薄荷叶中一种挥发性的酯类物质，它们能被猫鼻腔内的嗅上皮感受到。嗅觉感受器将猫薄荷的刺激投射到猫大脑的两个区域：调节情绪的杏仁核和释放激素调节情绪下丘脑。下丘脑会导致猫的脑垂体产生性反应，所以猫薄荷可以作为一种人造的信息素（一种改变行为的物质）。如果一只猫吃了很多的猫薄荷，它可能会表现出躁狂、焦虑或嗜睡等行为，但这种情况很罕见，而且猫薄荷通常被认为是无害的。

人类对猫薄荷的反应是不一样的，它已经被用来作为一种草药茶，有人认为它可以治疗偏头痛、失眠、厌食症、关节炎和消化不良。奇怪的是，并不是所有的动物都喜欢荆芥内酯——许多昆虫绝对讨厌它，而且它是一种非常有效的驱蚊剂，可以驱赶蚊子、蟑螂和苍蝇。

5.04 猫可以进行抽象思考吗？

让我们深入探讨一下这个问题（Let's deep this one*）。关于猫的认知能力进行的研究很少，原因很简单：一是猫不关心我们怎么想；二是这项研究没啥意义。但管它呢，我们试试看。

抽象思维是指表达时使用不具体的仅表达概念的语句，而不是单纯表达事实的词语（爱、正义和伦理都是抽象概念）。关于猫或其他动物是否能抽象地思考，尚有诸多的争论。有些动物展现出了惊人的解决问题的能力。有人认为这就是抽象思维，因为它表明它们能够在做事之前思考一下事情本身。黑猩猩会磨砺长矛当作工具来使用，且利用抽象推理获取食物；矮黑猩猩则利用木棍来钓白蚁吃；水獭能用岩石敲开扇贝的外壳；鹦鹉和恒河猴都表现出了基本的计数能力。

那么猫呢？在日本的一项研究中，研究人员向30只猫展示了一系列盒子，有些在摇晃时会嘎嘎作响，有些则没有。当盒子被翻过来时，有些里面装有物体，而另一些则没有。然而，有几个盒子与理性的预期相反：有些嘎嘎作响的盒子里没有物体，而有些没有嘎嘎作响的盒子却装有物体。正是这些不符合理性预期的盒子，让猫最感兴趣，这预示着它们能够理解声音和物体之间的联系，因此它们具有基本的因果关系理解力。

动物可以理解个别事物（知识的基本组分，比如"一个嘎嘎作响的盒子

---

* 英国青少年的流行用语，意为"讨论一些深邃的东西"。那么，猫理解重力这种抽象概念算是吗？

里可能有一个物体")——事实上,它们在理解细节方面非常聪明。但这并不意味着它理解普遍现象(多项事物的共同特征),而普遍现象通常是抽象的。因此,黑猩猩会磨工具,矮黑猩猩会用棍子让食物自己送上门来,猫可以对现实世界有预期(晃动的时候发出声响的盒子里有东西,盒子翻过来时东西会掉出来)——但这并不是说它们懂牛顿运动定律。

你可能会说,猫捕猎和跟踪猎物时需要抽象的计划和预期构想,但这可能只是天生的本能反应——跟踪、追逐与掠食或许是基因预设好的行为,而不是抽象思维的结果("我饿了,所以我最好摄入一些热量。什么东西含有适合我消化道的热量并在我的能力范围内能轻而易举地获得?老鼠。我该怎么做呢?好吧,我会一直待在老鼠洞附近,等老鼠跑出来……")。

有人认为猫也是做梦的(见第61页),人们一般认为做梦会涉及抽象思维,但其实做梦也可能只是记忆的重播。来看一个更明确的征兆,匈牙利研究人员亚当·米克洛西(Ádám Miklósi)发现,猫几乎能像狗一样循着人类的手指方向移动视线,这表明猫能理解另一种动物的想法(不过让人生气的是,我家的猫从来不会向着手指方向看)。但是,这个更属于具体事物而不是抽象思考。

事实上,心理学家布里塔·奥斯索斯(Britta Osthaus)的一项测试表明,猫在解决问题方面其实真有点笨。她用不同的方式将食物连接到绳子上,发现要拉动一条绳子获取食物对猫来说不是问题,但是当有两条绳子交叉或者平行,但只有一根连着食物时,它们就无法选择正确的那一根。相当丢人的是,它们的表现比狗还要差。

这下可以明确了,猫没有抽象思维,但这玩意有啥用呢?拥有抽象思维既是一个优点，也是一个缺点。对我们人类来说，能欣赏所有的抽象艺术、伦理、宗教、文学和哲学是件好事，但另一方面，我们也会感受一切不好的东西，对邪恶、压抑、内疚、存在的焦虑，以及对死亡的深思。

5.05　猫会做梦吗？

科学家们一直无法明确证明猫会不会做梦，每当被问及这个问题时，他们避之不谈。但这似乎很有可能会发生。猫与我们有着相似的大脑结构，脑电图（EEG）表现出与我们类似的低幅、高频的大脑活动，它们在睡觉时也会经历快速动眼期（REM）——人类做梦通常也是在这一阶段。

1959年，法国神经学家米歇尔·朱维（Michel Jouvet）破坏了猫大脑中在快速眼动期间抑制肢体运动的结构，并观察到睡觉的猫抬起头，似乎在跟踪猎物，甚至躬着背准备打架，许多学者据此得出结论，猫确实是在做梦。

在大多数哺乳动物中都可以观察到做梦的迹象，而人类做梦的明显程度仅仅处于中等。犰狳和负鼠快速眼动模式最强，而海豚的则非常弱。对于我们为什么会做梦，科学上还没有共识，但有很多理论——包括做梦可以帮助我们处理情绪，对社交情景与危险情况进行预演，以及加强新的记忆。不要让我谈论人类做梦有何意义——那是一个充满深邃的伪心理学、幸福白痴狂想的黑暗世界。如果你想吓坏自己，那就去读一读早已被揭穿的弗洛伊德（Freud）的《梦的解析》（The Interpretation of Dreams）吧。

5.06 猫会感到快乐吗?

你可能会认为这个问题是整本书里最容易回答的："当我抚摸我的猫时,它会发出咕噜声,所以它一定很开心。"但事情没有那么简单(当猫受伤时,它也会发出咕噜声),这就是为什么你找生物学家讨论猫的情绪时,他们会像躲瘟神一样躲开。探讨这个问题的困难在于,猫不像狗,它们喜怒不形于色。野猫往往是独居的动物,几乎不需要表达情绪或分享感情。然而,核磁共振扫描显示,猫的大脑有与人类相同的产生情感的区域,这意味着它们至少有正确的体验快乐的心理机制。问题是,它们真的体验到了吗?

在我们回答这个问题之前,我们必须理解感情和情绪之间的区别。在广义心理学上来讲(记住一点,感情和情绪并没有精确的科学共识定义,明确的感情和情绪列表也不存在),感情是有意识的,是情绪的主观体验,而情绪本身是某种反应的经验——通常是感官通过大脑释放神经递质和激素所激发的生理状态。所以,简单地说,情绪是首先出现的,并且可能发展成为感情。在压力大(比如在墙上小便和在床上大便)、焦虑(比如发生了尿路感染)、恐惧(尤其是害怕受到攻击)、无聊、恐慌和惊讶时,猫都有显而易见的情感征兆,这些都是情绪反应。但这并不意味着猫会像我们一样能体验到感情。例如,将对恶霸猫的欺凌的恐惧定义为对这只猫的"仇恨",或者说它被抚摸后的快乐感是"幸福",这些都是过度解读罢了。

一种感觉如果说可以称之为快乐,不仅仅是开心的情绪——它还是一种主观的幸福体验。它是一种意识到快乐情绪对你可以产生作用的能力。所有这一切与猫快不快乐有什么关系呢？好吧，很难找到猫快不快乐的表现，但神经科学家保罗·扎克（Paul J Zak）发现，猫在和主人玩耍10分钟后，催产素（有时被称为"爱激素"）的水平要升高12%（狗的催产素水平则上升了57.2%，但我们都知道，它们更容易高兴）。猫在压力下也会释放肾上腺素和皮质醇等激素，在兴奋时也会释放内啡肽。所以，这么说其实没错，猫肯定可以感受到开心和痛苦，但开心并不一定等于快乐，痛苦也不一定等于悲伤。正如生物学家约翰·布拉德肖在《猫的秘密》里所讲："我们可以意识到自己的情绪状态，但是猫肯定不会。"所以猫有的时候很开心，但不一定是快乐。

那么内疚呢？如果你的猫撕毁了沙发或吃掉了一直在柠檬皮和新鲜百里香里腌的鲈鱼，你对它大喊大叫，它看起来好像内疚地走开了，耳朵扁扁的，有点躬着背，但实际上是它可能害怕你凶巴巴的语气。YouTube上有很多拍狗非常内疚的有意思的视频，但研究发现，如果你用愤怒的语气和狗说话，不管它们是否真的做错了什么，它们看起来都很内疚。

5.07 你不开心的时候，你的猫知道吗?

充分的研究证实，狗有能力观察人类的情感表现并做出反应，尤其是当我们哭泣的时候，它们更加敏感。狗是由生活在复杂社会群体中的群居动物进化而来的，所以期望它们注意到并对你的情绪信号做出反应是合理的。相对来说，猫（除了野猫）要孤独得多，而且几乎不需要任何社交互动，所以你可能会认为它们无法理解人类的感受。但事实并非如此，2015年发表在《动物认知》（*Animal Cognition*）杂志上的一项研究指出，猫"对情绪有着适中的敏感度"。

事实表明，你的猫会根据你是皱眉还是微笑做出不同的反应。比起主人皱眉时，如果主人微笑的话，猫更有可能表现出"积极"的反应，比如发出呼噜声、摩擦主人身体或坐在主人大腿上。

然而，如果是一个陌生人做出同样的表情，它们的反应可能没有这样的差异，这意味着你的猫在与你建立关系的时候，可能学会了阅读你面部的表情的能力。当然，这可能单纯只是一个经典的条件反射：当你心情好的时候（很可能会微笑），你更有可能给予你的猫更多的关爱或者给予它食物，所以它们可能只是对此做出一些反应罢了。

当你哭泣的时候，并不意味着你的猫会同情你，但只要说到猫，它们能给予我一丝丝的情感我就谢天谢地了。

猫界传奇

内阁办公室首席捕鼠官

有记录表明猫进驻英国政府办公室这项做法可以追溯到16世纪，
但直到2011年，
内阁办公室首席捕鼠官这一头衔才出现。
唐宁街的猫赖瑞（Larry）荣获此衔，
这只棕白花纹的虎斑猫来自巴特西猫狗救助之家
（Battersea Dogs and Cats Home）。
但是它糟糕的捕鼠能力是出了名的，
但在2013年10月，
它终于费尽周折地在两周内抓到了4只老鼠。
尽管赖瑞很害怕生人，
但是对贝拉克·奥巴马（Barack Obama）却例外，
赖瑞还挺喜欢他的。

5.08 从猫笼子里出来之后你的猫会去哪？

如果你认为你的猫四处探险，生活里充满了精彩与刺激，那你可能得失望了。大多数猫整天很少活动，66%的时间在睡觉，3%的时间站着，3%的时间走路，只有0.2%的时间它们高度活跃。它们固定活动的区域少得惊人。澳大利亚的一项研究发现，城市猫"日常活动范围"的面积大小为100～6400平方米，这听起来好像挺大啊，不过你算一算就知道，100平方米是一个边长为10米的正方形的面积，即便是6400平方米，也只是边长为80米的正方形那么大。这根本不算大。

一旦它们离开了家，在户外活动的猫往往会找一个较高的地方，保证自己的安全，然后直接坐下来观察自己的地盘。如果它们看到它们认为可以捕捉到的小型哺乳动物或鸟类，它们可能会有伏击一下的念想，但GPS跟踪表明，猫通常极少行动，而不是多次出击。与其他猫打架的情况更是极其罕见的——它们竭力避免冲突，而没有建立自己领地的弱势猫可能会把大部分时间花在观察窗外，并且在室内尿尿，避免在外边碰上恶霸猫。

2019年，来自德比大学（the university of Derby）的一组研究人员给猫安装了摄像机，并研究了拍下来的所有录像。它们发现的第一件事是，25%的受试者非常讨厌相机，所以不得不让它们退出这项研究。研究人员的第一项研究成果是，当猫来到外面时，它们会高度警觉，并长时间观察周围的环境。它们经常遇到其他猫，但不积极与其他猫沟通交流，两只猫通常会坐在相距几米的地方长达半个小时。这比《革罗泰革*的最后一战》（*Growtigers' Last Stand*）差多了，不是吗？

* 革罗泰革是诗人艾略特（TS
Eliot）在《老负鼠的群猫英雄
谱》（*Old Possum's Book
of Practical Cats*, *1939*）中
塑造的角色，这是一只"乘着
破船游迹四方，脾气火爆的雄
猫"，每天都打架斗殴，在泰
晤士河旁边作威作福。

5.09 你的猫在晚上都会做些什么?

这是一种常见的误解,认为家猫是夜行动物(夜间活动,就像它们的兄弟野猫一样)。2014年BBC一个节目《地平线》(*Horizon*)追踪了猫的活动,发现城市的猫有白昼行倾向(白天比较活跃),而农村的猫偏好在夜间活动,但许多猫——无论是城市还是农村的——都是晨昏型生物(在黎明和黄昏活动)。

猫在清晨与黄昏出没得益于它们出色的弱光视力,在日光依然朦胧时,对付老鼠或者田鼠等小型哺乳动物占尽了优势。老鼠的视力很差,但探测周围运动的能力很好,而且经常依靠它们的胡须来导航,因此猫在黎明或黄昏时伏击或跟踪它们无疑为最好的选择。

有的猫就不爱打猎——佐治亚大学(the university of Georgia)的研究人员给一组猫安装了摄像头,发现44%的猫捕猎野生动物,主要是在晚上,一般在7天内平均捕获两只猎物。许多猫也有可能将自己置于危险之中,主要的危险是过马路(45%)、遇到陌生的猫(25%)、离家在外吃喝陌生的东西(25%)、掉进下水道(20%),以及爬进进退两难的狭小空间(20%)。

那么,为什么家猫与它们的远亲亚非野猫的夜间行动模式有如此大的差别呢?这可能是因为驯化影响了它们的活动时间,这一理论得到了意大利墨西拿大学(the university of Messina)的一项小型研究的支持。研究发现,人类的关怀和照顾对猫的活动方式影响很大,因此可能根本不是与生俱来的进化,与遗传基因无关。

貓界传奇

泰比（Tabby）和迪克西（Dixie）

这是亚伯拉罕·林肯（Abraham Lincoln）养的猫。
林肯总统曾经说过："迪克西比我整个内阁官员都要聪明。"

貓界传奇

娜拉（Nala）

Ins上最受欢迎的猫，拥有超过430万粉丝，
娜拉在5个月大的时候被主人瓦里西里·马塔奇蒂芬（Varisiri
Mathachittiphan）收容，
它非常可爱，有一双圆的蓝眼睛，
它还有自己的猫粮品牌。

5.10 除了主人猫也会喜欢别人吗？

有一天，我家那只漂亮的猫——汤姆——决定离家出走去找别人玩。它没走丢，因为我们每4天就能看到它一次，它看起来健康又快乐。然而，我却心烦意乱，我的汤姆对我可是一往情深啊。几周过去了，我感觉到它越来越胖。最后，我把它关了起来，然后带它去看兽医。兽医警告我说它患了糖尿病，这与它的胖密切相关。我给它带上了一个牌子，上面写着："请不要喂我。"但它继续变胖，我觉得这答案已经很明显了，有人喂它。我们非常担心它的病情会加剧。不过，我们终于有了突破性的发现。秋天，树叶开始飘落，我们看到了邻居的花园里面，我妻子看到汤姆躺在窗外，旁边放着一满碗的食物。它只移动了几百米！

那邻居为人很和蔼，但是需要陪伴。他知道他不应该喂汤姆，但他发现他很难停下来，他很烦恼，而且非常爱汤姆。但我们的家人也很爱它，我们真的很希望它能回来。当然，汤姆可以去看任何它想要看的人，但这个孤独的男人得停止喂它，因为汤姆现在非常贪吃，这么做很可能会断绝它们的情谊。这种痛苦的情况断断续续地持续了大约两年，直到那个人搬走了，汤姆又回到了我们身边，一声不吭，毫无歉意，当然它的体型也恢复了正常。

猫这种生物是出了名的变化无常，它们经常离开家，和别人住在一起，这非常常见。它们的离开通常发生在新生儿或另一只宠物的到来，也可能在生活环境发生变化的时候，有时这是由于人为干预造成的。"宠物侦探"（The Pet Detectives）是英国一家专门找回被盗走或失踪的宠物的机构，其负责人科林·布彻（Colin Butcher）估计，大约有一半的猫有第二个家。他还说，引诱宠物猫（通过喂养或者放它们进入家门来收养猫）是一回事，但可能有盗窃嫌疑。

科林以前是一名警察，他一般的做法是去找收养者，说服它们把猫还回来。正如他所说："我很有说服力。"他认为大多数案件的结果都会令人满意，但是他也遇到过狂热的囤猫者，他们将多只当地的猫收集起来，持续给它们喂食，甚至把它们关起来。对于家中的猫爱往外跑的人来说，这是一个棘手的道德难题，猫是野生动物，没有人告诉过它们只属于你。从法律上讲，如果你的邻居喜欢你的猫，你必须证明他们打算永久剥夺你财产的所有权，以证明这是偷窃。但也许事实更令人沮丧，你的猫只是喜欢上了别人。

5.11 猫真的能从几公里外找到回家的路吗？

有很多关于猫长途跋涉回到家的新闻。1985年，一只名叫墨迪（Muddy）的猫在俄亥俄州从一辆面包车上跳了下来，3年后回到了它远在725千米外的宾夕法尼亚州（Pennsylvania）的家中。1978年，豪伊（Howie）花了一年的时间步行1900千米穿越澳大利亚回到家中。1981年，米诺什（Minosch）花了61天时间步行了2369千米回到德国的家里。尽管有这么多鲜活的例子，但我们还不能认为猫天生就可以认路回家。毕竟，每天都有成千上万只猫失踪，而且再也没有回来，但这样的故事很少成为新闻。毕竟像电影《一猫二狗三分亲》（*The Incredible Journey*）中的一猫二狗这样能成功跨越千山万水回到家里属于例外。

关于猫的归家能力的科学研究少之又少，而且我们所拥有的大部分资料都是很古老的。1922年，弗朗西斯·赫里克（Francis Herrick）教授将一只母猫和它的小猫分开，使它们之间的距离从1.6千米增加到6.4千米，而母猫总是可以回到它的孩子的身旁。1954年，德国研究人员发现，被放置在有多个出口的迷宫中的猫倾向于选择离它们家最近的出口。但它们是如何做到或者为什么这么做仍然是个谜。它们很可能利用自己的嗅觉、听觉和视觉来确定自己的位置，但它们也可能是在不断地寻找，直到找到自己的家。还有一些能够让我们眼前一亮的迹象表明，狗有地磁敏感性（狗特别喜欢沿着南北向的地磁轴大便），但猫是否有同样的能力还并不清楚。

梵猫

土耳其梵猫（Van，意为小型货车，此处为音译）
并不像它们的名字一样住在小型货车中。
它其实是一种家猫，好像很喜欢水，
有人曾发现它们在土耳其梵湖（Lake Van）中游泳。
但是奇怪的是，
来自土耳其的梵猫和土耳其梵猫还不是一个物种。

5.12 猫为什么会害怕黄瓜呢?

你一定看过网上这样的视频,在猫身后偷偷地放上一根黄瓜,猫看到后会大惊失色。当它们转身发现黄瓜的时候,它们要么被吓到直接跳起来,要么躬着背,要么迅速跑开,要么小小心翼翼地检查它。这是为什么呢?

研究发现,猫已经可以完全意识到物体恒存性,并且有短期或长期记忆,所以它们被突然出现的物体吓坏了也就不足为奇。但更重要的是,你要记住,你的猫和它的亚非野猫祖先几乎没有什么不同,它们都在进化的过程中学会了如何去躲避危险的蛇。当一根黄瓜不知从哪里冒出来时,不用脑子想都能明白你的猫可能会把它看作是一种生物——而且它的形状肯定像蛇一样。所以很有可能,当你把一根黄瓜偷偷放到你的猫身后的地板上时,它可能会被吓得跳起来,以为那是一条蛇。这就是为什么你不应该为了拍一个有趣的短视频而这样捉弄它。

5.13 猫为什么讨厌水？

许多猫一到洗澡时就变得胆小害怕（太遗憾了——它们浸湿了看起来好滑稽），但它们对于滴落的水龙头、浅水坑或你泡澡的浴缸很感兴趣。

猫与水的关系微妙且复杂，但并不是所有的猫都讨厌水。它们很少去抓水生生物（除了我家那只猫赖皮，它是一只金鱼杀手），所以它们几乎很少靠近水源。它们喝水也比较少，因为它们从食物中就可以获得大量的水分。所以可以理解的是，它们几乎不需要也不怎么想跳进浴池、池塘或湖泊。有些主人说他们的猫（尤其是安哥拉猫）喜欢洗澡甚至游泳，人们有时会发现梵猫在土耳其的梵湖嬉水——但梵猫是个例外，它们身上的防水毛皮要比普通猫更多。如果你有足够的钱来挥霍，那么购置一台小猫饮水机是挺不错的，即便它们不喜欢浸泡在水里，但是它们也会盯着一片水看得入迷（不过滴水的水管应该同样也可以让猫着迷，还不用花太多的钱）。

那么洗澡呢？事实是，大多数猫根本不需要洗澡，因为它们可是自我整理仪容的专家。它们的舌头上演化出了特殊的钩状腔乳突，以帮助清洁（见第19页），猫也投入了相当多的时间来清洁自己。它们还非常努力确保自己没有异味，它们不断地摩擦柱子，分泌气味，仿佛跟谁较劲一般不停地舔毛。哦，人类，不要硬来哦，会很危险。

5.14 为什么你的猫那么爱抓沙发？

令人惊讶的是，和你想的答案不一样，它们并不是为了让自己的爪子变得锋利。猫抓沙发有这么几个原因：最简单的原因是，猫非常喜欢触摸东西，喜欢搓揉和伸展爪子，并且从爪子上留下一点气味。更重要的是，它们的爪子外面有保护性的角蛋白鞘覆盖，这些角蛋白鞘不断再生，大约每3个月就需要脱落一次（见第27页）。抓挠可以帮助它们脱掉老旧的鞘。这些鞘和人类的指甲还不太一样，指甲不断生长以保护我们手指末端。

对于抓沙发这个问题最有意思的解决办法是使用宠物指爪套——一种可以套在你的猫的爪子上的小皮套。你可以买各种各样荧光色的爪套，以最大限度地羞辱你家的猫，当然这取决于它们撕碎家具的程度。你需要每6周更换一次爪套，但它们可能就会停止抓挠了。一个更好的解决方案是购买或制作一个抓挠柱（最好是用柔软的椰壳，或者是你家猫最爱撕扯的材料），然后把它放在你那被撕坏的沙发旁边，起到替代的作用。

5.15 为什么猫会被困在树上?

猫喜欢坐在高处，因为这样能让它们感到安全。尽管它们是出色的狩猎者，但它们也是狗、大型猫和其他大型哺乳动物的猎物。坐在树上或厨房门的顶上很有用，它们可以观察自己的领地，还可以盯着家里那只一脸傻样的笨狗，没有其他人打扰它们，猫真的很重视它们的和平和安静，尤其是不想被其他猫打扰。

树也是追逐鸟类的好地方，而猫也可能在这儿遇到麻烦。追逐的兴奋有时会让它忽略了它爬得太高了。

问题是，猫的爪子是向后弯曲的，所以虽然它们很适合向上爬，但是它们俯身向下爬时就不太能减速了。猫自己意识到了这一点，但它们不习惯倒退下树，所以当猫被困在高处时，可能会一时苦恼没法下来。现实情况是，猫总是能够自己爬下来，即使它们爬下来的姿势相当的笨拙，人们看了都得替它们捏把冷汗。

那么，你应该怎么做呢? 首先，不要拿高高的梯子。因为这样可能会让猫惊慌失措，导致你从高处坠落而摔伤。而且，人们普遍认为，除非你的猫真的被吓傻了，否则它有足够的时间和动力（也许是它的碗发出声响）自己爬下来，而且你可能比它更害怕。最好给自己找一块地毯、一些猫粮和一本书，然后坐在树下，直到它感到平静和无聊时，它能自己下来。只有当它被困了好几个小时后，你才应该去请消防队。

5.16 为什么猫喜欢待在盒子里？

猫Maru是一只非常出名的来自日本的苏格兰折耳猫（Scottish Fold cat）。它非常喜欢盒子，它跳进一个盒子的视频已经有超过1000万的点击量。视频的内容是：Maru跳进了盒子里，Maru跳出了盒子，Maru从盒子里翻了出来，Maru喜欢盒子，Maru好可爱。就这些内容，我可没骗你，这就有超过1000万人去看。我家的猫会钻进任何盒子，或者任何一个类似于盒子的东西，比如水槽、袋子、烤箱或洗衣机。它甚至会出现在我准备用来做面包的搅拌体里。

为什么它们那么喜欢盒子？嗯，没有任何一项证据充分的研究可以回答这一个问题，所以我们要听一听大家的看法，以下是一些具有说服力的说法：

（1）猫的狩猎方式是埋伏和突袭，盒子给它们提供了一个很好的藏身之处，可以抓住猎物，同时也可以让它们躲避家里那只笨狗。这个理论的问题是，猫也会被困在盒子里，而猫讨厌被困，所以它们钻进盒子里是存在风险的。虽然害怕被困住，但是猫更想躲起来。

（2）猫很好奇，盒子总是吸引它们去一探究竟。

（3）最有说服力的一个说法是，就像人们总是认为"把头埋在被子里，一切问题都可以解决"，猫也有这样的想法。2014年荷兰的一项研究表明，被送到动物收容所的一群猫，如果有一个盒子让它们躲起来的话，这群猫的压力要比没有盒子的猫小很多，并且可以非常迅速地适应周围环境与人。躲在盒子里可以帮助猫应对新环境。这一事实与猫的社交能力很相适应：它们不喜欢应付环境变化，而是更喜欢避免与其接触——而且这种方法似乎真的可以改善它们的生活。从本质上来说，猫喜欢盒子，因为只有它们自己在盒子里。

5.17 为什么猫妈妈都很伟大, 但是猫爸爸都非常糟糕?

猫是独居的, 尽管家养的雌猫有时只要有足够的食物而且没有人类的干预, 就会继续和它们的母亲住在一起(雄性猫大约在6个月就离开家庭)。当这些留下的雌猫生了一窝幼崽后, 它们通常会贴心地为彼此分担照顾小崽的责任, 一群坚强的"阿姨"。

雄性很少有帮忙抚养小猫的。毕竟, 雌性很可能与多个雄性交配(这就是为什么来自同一窝的小猫可能有许多不同的特征, 见第23页), 因此从进化的角度来看, 雄猫永远无法确定是不是在延续自己的血统。在它们眼中, 它们最好尽可能多地去繁衍后代。我们都知道, 雄猫会杀死与它们没有血缘关系的小崽。这可能会导致雌猫再次发情, 从而让雄性与它交配, 这样可以让自己能够优先传承后代。出于这个原因, 雌猫不太可能希望雄猫接近它们的家庭。

不过, 并不是"猫妈妈好, 猫爸爸坏"那么简单。比父亲杀婴更令人震惊的是母亲杀婴, 即母亲杀死并吃掉一窝小崽中的一只, 然后像什么都没发生一样继续喂养剩下的小猫。这并不罕见, 当母猫认为自己的孩子可能生病了或者畸形的时候就有可能发生。在野外, 消灭掉一窝中最弱小的幼崽会留下更多的食物和关怀给剩下的幼崽, 从而提高它们茁壮成长的机会。吃小猫似乎有些残忍, 但是当母猫饥饿难耐而且压力山大时, 多进补一点营养有什么不好呢? 真正的悲剧是, 母猫非常敏感, 很容易就会认为小猫生病了很虚弱, 而且引起母猫猜疑的很有可能是与小猫无关的因素, 比如小猫附近不寻常的气味, 小猫异常的行为, 甚至只是微微抖动。

好强大的妈妈

虎斑猫达斯蒂（Dusty）出生于1935年，

来自美国博纳姆（Bonham），

它一生总共生了420只小猫。

它的最后一窝是一只在1952年6月12日出生的小猫。

根据吉尼斯世界纪录，

在英国金厄姆（Kingham）有一种缅甸–暹罗杂交种的母猫，

一次生了19只小猫，

这是有记载的数量最多的一窝。

第 6 章

6.01 猫在黑暗中如何看清东西？

猫的眼睛非常适合捕猎，特别是在光线昏暗的条件下。猫的眼睛在头部所占的比例非常大——几乎和人的眼睛一样大——它们的瞳孔可以扩大到我们的3倍，使它们能够接触到更多的光线（见第29页），对于夜间杀手来说这绝对是一件称手利器。

但猫眼的秘密武器是其脉络膜层，这是视网膜后面的一层绿色反射层，可以将光线反射到眼球背部，有效地让进入眼睛的光线增加40%。这使得它们可以在0.125勒克斯（一种照明亮度的计量单位——相比之下，人类的视觉至少需要1勒克斯的亮度）的照明条件下看到东西。猫与鳄鱼、鲨鱼、狗、老鼠和马等动物的眼睛都有这样的脉络膜层。如果你在黑暗中用手电筒照向猫的眼睛，会反射出绿光，因为一些光被脉络膜层反射，从视网膜中溢出。白天我们看不到脉络膜层，因为白天猫的瞳孔关闭成一条细窄的（看起来很怪）缝隙。

但是，在昏暗光线下狩猎有优势的眼睛也有一个缺点——白天的视力会受到影响。与人类相比，猫的眼睛在白天不仅视觉图像要模糊得多，而且还有近视（它们不能很好地看清近处的物体）和远视（它们不能聚焦于任何距离超过25厘米的物体）。事实上，猫眼的镜头系统非常笨重，以至于猫通常都懒得去尝试近距离聚焦。而"正常"的人类视觉灵敏度（清晰度或锐利度）是20/20，而猫的视力是20/100——这意味着人在30米处看清的物体，猫必须在6米处才能看清。

猫眼睛后部探测光的光感细胞也与人类的不同。虽然猫和人都有视杆细胞和视锥细胞（视杆细胞可以检测黑白强度，视锥细胞可以检测颜色），但与人类相比，猫的眼睛中视杆细胞要比视锥细胞多得多，这使得它们对明暗非常敏感，但对颜色却并不敏感。猫能感知蓝色和绿色，但没有能看到红色的视锥细胞，所以它们对颜色不感兴趣。据推测，色彩辨认能力并没有在进化过程中给它们带来多少好处，因为这对狩猎不是特别有用。相反，为了捕捉小型动物，它们的眼睛进行了完善，以应对所需。

猫有着比我们更高的闪烁融合率（flicker-fusion-rate），具体情况与品种有关。这意味着它们大脑中的视觉皮层可以以每秒100帧的速度辨别进入其中的图像——比人类每秒60帧的处理速度要快得多。因此，猫能比我们更能细微地察觉一些小动作，但在猫的眼睛里老式电视的屏幕和荧光灯看起来就是一闪一闪的。

猫界传奇

拉格斐的上流猫

卡尔·拉格斐（Karl Lagerfeld，德国著名服装设计师，经常以墨镜和白发长辫的形象出现）于2019年去世，他的猫乔佩特（Choupette）也很有名。
乔佩特有一个颇有人气的推特账户和一个经纪人，当然，拉格斐把他2亿美元（1.5亿英镑）的遗产都留给了乔佩特那是不可能的。

多了一个眼睑

除了出色的夜视能力之外，

猫还有一层瞬膜（nictitating membrane）——

一个半透明的第三眼睑，从侧面滑入，

可以清洁和保护它们的眼球。

许多鸟类都有这个眼睑，在火鸡的眼中尤为明显，

在狗、骆驼、土豚、海狮（只在水外使用）、鱼、鳄鱼和其他

爬行动物的眼睛中也会发现。

啄木鸟在用喙敲打树前一毫秒会将它的瞬膜展开收紧，

以保护它们的视网膜免受震动的伤害。

在正常情况下，你很难看到猫的瞬膜（如果能看到，那说明这

只猫的健康状况可能不佳），

但如果你在它睡着时轻轻地扒开它的眼睛，

你应该能发现它。不过，祝你好运，

如果我这样做我的猫大概会撕掉我的鼻子。

6.02 猫的嗅觉有多好?

猫 的嗅觉不如狗的，但是还是比人类的强。它们的嗅觉产生机制与我们人类一样，猫呼吸空气，空气中的一些味道挥发物（携带气味的分子）到达猫的嗅上皮——鼻腔中专门用来感知嗅觉的区域。猫的嗅上皮是人类的5倍，还包含了数以百万的对气味敏感的神经末梢，上面覆盖着一层薄薄的黏液。气味分子溶解在这层薄薄的黏液层中，与数百种不同的神经末梢相互作用，产生信号然后输送到大脑。不同的神经末梢可以检测到不同的分子（其详细机制尚不清楚），而大脑利用这些信息来评估整体气味。

猫需要它们强大的嗅觉来追踪猎物，同时也需要了解其他猫的气味，这些气味通常是尿液、粪便或各种腺体分泌的气味。这些信息提供了关于年龄、健康、交配状况等信息，但也用来标志地盘，好让猫知道要避开彼此的领地。

猫还有一种单独的第二种嗅觉检测机制，称为犁鼻器（VNO）。这个器官隐藏在它们口腔的顶部，通过上门牙后面的两根小管子进入。与嗅上皮不同，这是一个充满液体和化学受体的囊，可以感知唾液中溶解的分子的气味。两组微小的肌肉将唾液泵入和泵出。猫只是偶尔使用它们的犁鼻器——在社交场合来检测其他猫的气味（通常是交流与性相关的信息）。你通常能看出它们什么时候这么做，因为它们必定会出现一种叫作裂鼻嗅反应（Flehman response）——一种轻微张嘴灿笑的样子，嘴唇向上拉露出上面的牙齿，舌头垂下来，马和狗也有类似的动作。

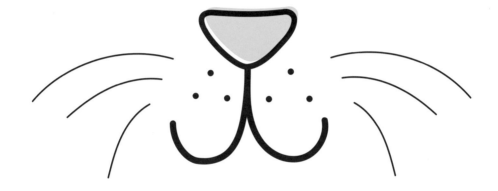

6.03 猫的味觉有多好？

猫的味觉相对较差，只有470个味蕾，狗有1700个，人类则有1万个。

猫的肉食性饮食意味着它们不需要被甜味水果和蔬菜所吸引。相反，它们的感官系统集中在舌头乳头上感受到的咸、苦、酸上。猫无法品尝甜味是因为其中一种编码T1R2蛋白（甜味受体的一部分）的基因存在缺陷。这种突变发生在猫进化的早期，使它们无法感受到葡萄糖、蔗糖和果糖的甜味。新陈代谢会消耗大量能量，所以为了保存能量，猫的身体不会产生消化糖类的蔗糖酶，因为它们不吃糖或者含有淀粉的蔬菜。这个生理特性存在一个弊端，如果它们喝了一种含糖的饮料，它们不知道是甜的，而且，如果没有消化酶来分解糖，它们可能会因此而生病。

英国皇家学会2016年发表的一项研究表明，猫更感兴趣的是食物中的蛋白质-脂肪比，而不是它们的味道。猫可以感知这个比例（虽然还不完全清楚它们是如何感知的），并相应地根据身体的需求进行调节，它们最偏好70%的蛋白质和30%的脂肪这一比例。研究人员得出了一个非同寻常的结论：从长远来看，营养平衡对猫来说比味道更重要，而且它们主动依据自己的身体需要进食。这一方面有点悲伤，但另一方面，也给我们人类上了一课，我们只偏好于味道，虽然知道怎么吃才健康，但却做不到。

6.04 猫的听力有多好？

猫的另一项超能力是听觉（它们的视觉已经非常棒了），它们不仅可以探测到比几乎任何哺乳动物都更广泛的频率范围*，而且得益于两侧耳郭能独立旋转，它们还可以准确地探测到声音的来源。

猫能听到比人类的声音高得多的声音——64000赫兹（64kHz），而人类能听到的是20000赫兹（20kHz），大约差出两个八度，这对于定位老鼠、猫咪们最喜欢的小零食或玩具特别有用。老鼠和其他啮齿类动物使用高频超声波发出吱吱声来进行交流，猫不仅可以检测到，甚至可以用来区分不同类型的啮齿动物。猫对低频声音也有良好的敏感性，与我们能听到的20赫兹左右相当。大多数哺乳动物的听觉集中在某一区音阶发挥作用，但猫的耳膜后面有一个特别大的共振室，它被分成两个相互连接的小室，这增加了猫可以听得见的范围。

猫的耳郭可以旋转180°，是绝佳的狩猎和攀爬辅助工具。这使它们能够分析三维空间中的声音，并可以探测到1米外的噪声源，其误差值不超过8厘米。为了做到这一点，猫的大脑通过多种方式来评估它们两只耳朵接收到的声音之间的细微差别。它们根据同步性的差异来判断低音（同一来源的声波到达一只耳朵比另一只耳朵更早），根据清晰度的差异（离声音来源最远的那只耳朵听到的声音略微模糊）来判断音调的高低。

* 听力比猫更好的动物包括鼠海豚、雪貂以及打死都想不到的牛。

6.05 猫有出色的触觉吗?

触觉、压力、疼痛和温度对于人类和猫来说,都是由体感系统负责的。这是一片搭建成网络的传感器(也称为受体、神经末梢或感觉神经元),它们产生少量的电信号,传递压力、温度、疼痛、振动、平滑、瘙痒等信息(你可以把它们想象成连接我们触觉感受器和大脑的微小电缆)。把手指放在手臂上,机械感受器(触摸传感器)就会产生一点电脉冲,沿着轴突传输到你的大脑。在猫体内也是这么运行工作的。

猫的脚掌、爪子和牙齿对触摸特别敏感,但胡须(或触须)才是最为敏感的。胡须是根基深嵌的坚韧的皮毛,经过调整完善,其基底部布满了触觉敏感的感受器。它们非常敏感,大多数位于猫鼻子两侧的两小块区域——每只眼睛上方也有这么一个小区域,如果你仔细观察,它们前腿的"腕"上也有。

猫可以将它们的触须指向前方,获取近距离的感官信息(帮助它们弥补距离小于25厘米以内无法聚焦的劣势),也可以在打架时把胡须缩回去以提供保护作用。胡须很敏感,可以给猫提供关于空气流动和猫移动时经过的物体的详细信息,以及判断一个间隙是否足够宽,可以让猫爬过去。

<u>最长的猫触须</u>

到目前为止，
最长的猫的胡须是来自一只叫米希（Missi）的猫，
这是一只芬兰伊思韦西（Lisvesi）的缅因猫。
根据吉尼斯世界纪录，它的胡须长达19厘米。

第 7 章　猫的语言

7.01 为什么猫会喵喵叫？

说来奇怪，猫喵喵叫是专门为了与人类交流，在与其他猫咪交流时很少（几乎从来不）这样叫。更奇怪的是，同样的喵喵声在不同的猫和它们的主人间可能会有完全不同的含义。一只猫表示"求喂"的叫声，由另一只猫发出来可能指的是"离我远点"，猫叫声的功能似乎是在每只猫与它们的主人共同生活中发展出来的，可以用来表示饥饿、烦恼的感觉，或者是渴望被关注、抚摸或希望打闹。猫和主人们似乎有着专属的独特的语言——当一只陌生的猫对着一个人喵喵叫（对没错，研究员们真的会研究这些东西），这个人会觉得很难懂它们想表达什么意思。

1944年，美国心理学家米尔德里德·莫尔克（Mildred Moelk）研究了猫的语言，并确定了16种彼此不同但具有意义的"猫-人和猫-猫"语言信号。她非凡的工作成果在今天的研究中仍被广泛使用，且许多生物学家已经扩大了其应用范围。她将猫叫信号分为三类：不张嘴的低语、一开始张嘴然后逐渐闭上的元音喵喵声，以及张开嘴的非喵喵声的高声叫喊。莫尔克甚至想出了一个奇怪的发音系统来发出这些声音，用 'mhrn-a':ou 这样的表示需求（试试看：它确实是这样）*。叫声之间的差异在于猫叫的持续时间、基本音调（"音符"）以及叫的过程中音高会不会发生变化。莫尔克大致为每种叫声归纳出彼此之间的关系，并组合出6种不同的猫叫表达的意义：友好、自信、满足、愤怒、恐惧和痛苦。

* 冒号表示前面的元音较长，单引号表示重音。

低语：打招呼或表示满意

（1）呼噜（'hrn-rhn-'hrn-rhn）

（2）表示请求或者问候的"唧唧喳喳"（'mhrn'hr'hrn）

（3）呼唤（'mhrn）

（4）肯定/赞许（'mhng）

元音喵喵声：请求/抱怨

这一组里有我们熟悉的喵叫声，以及求爱时发出的声音。

（1）需求（'mhrn-a':ou）

（2）乞求（'mhrn-a:ou:）

（3）困惑（'maou?）

（4）抱怨（'mhng-a:ou）

（5）交配叫声——温和形式（'mhrn-a:ou）

（6）愤怒的哀号（wa:ou:）

非喵喵声的高声叫喊：兴奋、攻击或压力

这类声音有许多不同的版本。

（1）咆哮和怒吼

（2）低吼

（3）交配叫声——激烈形式

（4）痛苦尖叫

（5）表示拒绝（一种嘶嘶声）

（6）吐口水声

这些强烈的声音代表什么大多是不言自喻的，例如母猫会因为小猫的行为太过分而对它们怒吼。不过，嘶嘶声也是愤怒的一种表达，这个时候如果你不后退的话，兄弟，接下来你可能就要被吐口水了。

7.02 为什么猫会发出咕噜声?

所有的猫都会发出咕噜声*，但我们不知道为什么会这样，因为这会发生在一系列奇怪的情景下——无论当猫感到满足还是当它们感到有压力时。甚至有证据表明咕噜声可以帮助骨折愈合，这个我们放到后面讲。

猫在焦虑、平静、痛苦、分娩、受伤和想要喂食的时候，都会发出咕噜声。小猫从大约一周大的时候就开始在哺乳时发出咕噜声。这是母亲和小猫之间传递安慰的信号之一，然后随着猫慢慢长大而逐渐习以为常。

猫在呼气和吸气时都会发出咕噜声，虽然在我们听来这个声音是连续不断的，但事实上在两次呼吸之间存在微小的停顿。咕噜声包括一连串快节奏的声音，每一个都是当声门（声带之间的开口）关闭然后打开时，喉部的声带突然分离而产生的。这些咕噜声的频率通常是每秒20～40次（但也可以达到每秒100次）。这种咕噜声并不是像人类说话一样通过声带控制的，而是通过肌肉快速收缩和舒张来控制的，而这很可能是由一个不受控制的自主神经振荡（猫的大脑中产生快速节拍的一种机制）控制的。

当猫在它们的咕噜声中加入了喵喵叫一样的声音时，事情往往会变得更加复杂，这种情况通常出现在它们想要食物的时候。咕噜声最少可以分为两种：一是当猫没有任何要求时发出的"正常的"咕噜声，二是一种"恳求

---

* 所有的宠物猫都会发出咕噜声，猎豹也一样。事实上，猫科动物家族的所有成员都可以发出咕噜声或吼叫，但不会两者兼具。狮子和老虎有一种短促的嘟囔声，像是要尝试发出咕噜声，但这种声音并不算咕噜声。

的"的咕噜声，我们会觉得听起来更紧迫，不那么愉快，也更难忽视，可能是因为猫增加了220～520赫兹的音调，接近婴儿300～600赫兹的哭声。就这样，你的猫又开始操纵你了。

有一种理论认为，咕噜声可以改善猫的伤口愈合速度和骨密度。猫在受伤后的恢复过程中或去看兽医时，也会发出明显的咕噜声，在某些焦虑的情况下也会发出这样的声音。一些对人类的研究表明，特定的振动频率有助于骨折和周围肌肉的愈合。对骨骼最佳的频率范围为25～50赫兹，与猫最常见的咕噜声频率相似，皮肤和软组织的最佳频率范围约为100赫兹。因此，猫的咕噜声可能有助于身体修复——或者至少可以保持骨骼和组织的良好状态。如果真的是这样的话，会发出咕噜声的猫大概率是一只健康的猫。

最大的咕噜声

一只来自英国德文郡（Devon）托基镇（Torquay）收容所的名叫梅林（Merlin）的猫可以发出67.8分贝的咕噜声，几乎和洗碗机发出的声音一样大。

7.03 猫的肢体语言

尾巴

尾巴是猫最易懂的交流工具之一，尽管你确实需要知道你在寻找什么。人们容易犯的一个常见错误就是总认为猫摇尾巴意味着幸福，但通常意思相反。如果它在慢慢地拍打着尾巴，这往往是一种愤怒的表现，有时它会拍打出一只锋利的爪子。如果它后退，这就是在告诉你，你最好接受它的建议。同样，如果它的尾巴毛发变得蓬松，这也是它要直接攻击的标志。

另一方面，如果一只猫的尾巴以在空中放松的状态垂直指向你，那么显然它很喜欢你——尽管我们不知道它是在示爱，还是因为它想要表达被爱。这个行为通常在它用头摩擦你的腿这个动作之后。

眼睛

如果你的猫慢慢地眨眼，尤其当眼睑是半闭着的时候，意味着它感到安全和满足（慢慢地眨眼是猫耳语者的典型伎俩）。如果它不眨眼睛的话，离近仔细看看它的瞳孔，如果瞳孔扩张，表示它可能会感到兴奋或害怕。

舔舐

我的猫几乎每天早上都会舔我起床，要我抚摸它，如果它靠舔没办法叫醒我的话，它就会上爪了。许多猫都会舔它们的主人，这可能是一种梳理的附和（相互梳理）。这种情况可能会在母猫和小猫之间以及熟悉的猫之间持续很长时间，但这除了表达喜爱和需要关注之外的作用尚未可知。

用头顶你

在你抚摸它或者在它的大餐前，猫可能会突然用头顶你一下，这是为了获得你的注意力，同时它们也通过这种行为来标记你的气味。这是一种很明显的表达喜爱的行为。

为什么猫喜欢用头去顶呢？因为猫的嘴巴周围、脸颊两侧、尾巴周围都有腺体，尤其是在眼睛和耳朵之间的额头处，它们通常就是用这些位置来顶你。这也是大多数猫最喜欢被主人抚摸的地方，这可不是巧合，这样的话，接触就有助于进行气味标记和表达感情。我们闻不到这种气味，但它们对猫来说很重要。猫用头顶人的时候通常伴随着耳位放松，缓慢、平静的行走和半闭的眼睑。

用肛门对着你的脸

我养过的每只猫都非常喜欢用它的肛门对着我的脸，而且经常是令人作呕的距离。我敢肯定我见过我的猫的屁股比见过我自己的多了100倍。好吧，事实上，我并没看到过自己的肛门。你有见到过吗？算了，那不重要。我一直在想，肛门的展示是不是某种迹象，是蔑视？是宣示主权？或者表示快乐的生活吗？生物学家对这个问题研究得不多，但人们认为你的猫只有信任你才会把屁股对着你。

7.04 猫如何互相交流?

猫 通常是独居的，但也有例外。野猫（基本上是被抛弃的家猫）可以生活在一起，通常同一窝的猫能很好地忍受彼此。如果非同窝生的猫在很小的时候就开始接触彼此，也有可能会和谐地生活在一起*，而且就算是家养的独猫也很难完全不和其他猫接触，所以猫咪之间必须要有交流的方式来彼此相处，同时避免打架。

　　猫几乎不会彼此"说话"，喵喵声几乎只用于与人类交流（见第93页），而嚎叫只罕见于对峙和打架中。相反，它们使用了许多与人类相处时用到的肢体语言信号，比如摇尾巴、摩擦、交换气味，特别是相互梳毛——这个动作可以持续相当长的时间。

尾巴

当猫对接近彼此感到愉快的时候，它们会把它们的尾巴在空中抬直，并且露出放松的表情——尽管目前还不清楚这是为了彼此交流而故意做出的和平信号还是仅为巧合。另一方面，如果猫抬起尾巴向两边摆动，这是恐惧或攻击的标志，通常伴随着其他愤怒的信号。

眼睛

就像猫对人类那样，如果它们乐于彼此陪伴的话，通常会用半闭着的

* 在我家，当一只小猫成为我们家庭的新成员时，想让10岁的可爱的虎斑猫接纳它绝非易事，可以说是一场彻头彻尾的灾难。

眼睑慢慢地眨眼。相比于人类，猫能更清楚地看出其他猫的瞳孔是否会扩大——这可能意味着兴奋或恐惧。长时间的凝视可能是一种侵略性的表现。

耳朵

猫的耳朵由20多块肌肉控制，可以旋转180°。当猫的耳朵向上和向前时，可能表明它很高兴并准备去玩耍。当它们直立和向后卷曲时，它们很可能标志着侵略性。当表示防守时，猫会把耳朵伸直，向侧面或向后指（尽管这也可能是对比赛的邀请）。

摩擦

猫似乎不像对待人类那样对其他猫使用"头顶法"（见第98页），但如果两只猫喜欢彼此，它们就会摩擦彼此，这也能让它们交换气味。野猫常在动物群体中使用这种信号，尽管目前还不清楚它们这样做是为了交友还是因为友谊本身。

相互梳理毛发

当熟悉的猫相遇时，它们经常互相梳理毛发。这种做法可能与它们在被母亲哺育时的梳理行为有关。它们互相挑剔地舔着对方，同时交换气味，而这种行为可能会让猫之间的冲突减少。这可能因为一群猫交换气味有助于创造一种公共的气味，以加强联系。奇怪的是，梳最多毛的往往是那些占支配地位的、最具攻击性的猫。

毛发

猫毛底部的毛囊可以用来拉直猫毛，这一过程称为毛勃起。当猫害怕时，肾上腺素的自动释放会导致直立效应发生。这会让猫兴奋起来，看起来尽可能大，尽可能有威胁性（虽然还不清楚猫是否知道或想要做到这一点），所以当猫同时感到攻击性和防御性时，就会这么做。

弓身

当猫的毛发竖起，全身呈拱形，像一只豪猪一样的时候，是一种明显的攻击迹象——当我的狗经过时，我的猫就会立刻呈这种状态，等狗走了后才会放松。我不知道你怎么想，但这总是会吓我一跳。猫弓起身子但不伴随猫毛竖起的这一动作，偶尔会成为它们对人类发出的"抚摸我"信号的一部分。

卷肚

一本名为《不可能的研究年鉴》（*Annal of Improbable Research*）的杰出杂志指出了1994年的一项题为"家猫和被动服从"（*Domestic Cats and Passive Submission*）的研究。希拉里·N.费尔德曼（Hilary N Feldman）花了6个月的时间观察了175只半野生的猫卷肚子的动作，并指出其中有138只是"明显的接受者"。雌性大多在高温下会卷肚皮，但雄性大多"作为一种从属行为"。另一方面，猫卷肚子是为了对抗猛烈的攻击，用没有鞘的爪子抬起它们有力的后腿，从而准备狠狠地一踢。虽然很罕见，但这样的打斗看起来很可怕，并会导致严重的伤害（见第51页）。

第8章 猫与人类

8.01 我们为什么喜欢猫而不是雪貂?

猫固执、冷漠、善变、苛刻,还会在楼梯上呕吐,把跳蚤和死动物带进你的房子,还总是离家出走跑到邻居那里住。众所周知,它们特别难管教,即使你对它们严加训练,也很难让它们做任何对你有所帮助的事。而雪貂聪明、顽皮、能帮忙、适应性强,可以训练捕捉啮齿动物,还有一点就是会捕食兔子,仅凭这一点就能使它们在宠物的啄食顺序中超过了猫。它们也经常睡觉,会使用宠物便盆,喜欢人类的陪伴。在英语里,一群雪貂的单词是"business"(生意)。就这样怎么能不受人喜爱呢?

亚非野猫很可能在我们开始耕作后不久就先受到欢迎,因为它们可以很轻松地捕捉那些被仓库里的谷物吸引的小型啮齿动物。在全人类的努力之下我们进入了农耕文明,我们的祖先最不想的就是老鼠把这一切都毁掉。但是在现代文明中,猫的狩猎技能相对来说毫无用处(除非你有一个谷仓),为什么还要留着它们在自家房子里四处溜达呢?

人们喜欢猫而不是雪貂的一个原因是雪貂喜欢逃跑,所以需要被关在笼子里,并且放出来之后需要不断地监管。它们很容易偷你的东西并且把东西藏起来,塞到它们嘴里的任何东西它们都能给吃掉。它们也很容易受到一系列健康问题的困扰,所以治病的费用可能会很昂贵。除非你是一个农民(或者只是真的讨厌兔子),否则雪貂真的只和猫一样没用。

推动猫向前发展进化的力量,与其说是它们捕捉老鼠的能力,不如说是它们对我们的容忍,以及它们可爱的颜值。它们有一个很大的优势,这与人类心理学息息相关,它们比雪貂更容易拟人化。猫的面部结构与年轻人非常相似，它们都有扁平的脸、高高的额头、小鼻子和大大的朝向前方的眼睛。

这让我们认为（总是错误地）我们可以与它们联系起来。这一因素，再加上猫相对容易被照顾且够独立，将它整天留在家里也没关系，这么说，你就得到了一个动物伙伴，它赖在现代都市人的身旁，满足我们内心深处想要为人父母的愿望，使我们忘记存在的虚无。

猫界传奇

塔拉伍德·安蒂戈尼（Tarawood Antigone）

关于猫的好多世界纪录其真实性有待考证，
但是1970年8月时，
这只缅因猫在英国牛津郡（Oxfordshire）一口气生了19只小猫，
其中15只活了下来，包括14只雄性和1只雌性。

8.02　猫对我们的身体健康有益吗？

我们养猫对我们自己的健康有益，不是吗？每个人都这么说，这很有道理，照顾另一个生物会让我们保持警醒，它们的陪伴会让我们快乐。但这些毛茸茸的可爱的家伙对我们会有什么不好的影响吗？的确，它们有好的方面也有不好的方面。

好的方面

有一项研究表明，养猫意味着身体健康，包括降低所有心血管疾病的死亡风险，心脏病发作时的存活率提高。另一项调查得出结论，和你的宠物一起睡觉可能有利于休息（尽管有相当多的受试者也发现他们的宠物扰乱了他们的睡眠）。也有研究表明，和宠物一起长大的孩子不太容易患哮喘。瑞典一位杰出的研究员观察了一些心脏存在问题的人，发现那些养狗的人比那些不养狗的人的健康状况要好，而澳大利亚的一项研究发现，家里养猫或者养狗的孩子发生胃肠炎的概率要比不养宠物的低30%。

还有一项访谈调研发现，87%的人觉得养猫对他们的健康有积极的影响，76%的人认为猫的陪伴能帮助他们更好地应对日常生活。另一项调查发现，养一只猫对你的吸引力有微妙的好处——女性养猫者的吸引力可以提高1.8%，男性养猫者的吸引力可以提高3.4%（同时，养小猫崽的男性的吸引力可提高13.4%）。不过要注意，因为进行的调研方式是咨询人们的意见，大多数研究人员认为这并不可靠——科学家们总是喜欢设计巧妙的方法来排除人为的观点，并且对证据特别感兴趣。更重要的是，调研没有经过同行评审，有时只是装扮得像一份重要的公关研究报告，好引起人们的注意。所以要谨慎对待它们。

坏的方面

不得不遗憾地说，许多学术研究也表明，养宠物和身体健康没有什么关系，甚至可能会带来负面影响。位于澳大利亚首都堪培拉的澳大利亚国立大学（Australian National University）2005年的一项研究报告称，与没有宠物的人相比，60～64岁的养宠物的人更有可能患有抑郁症、心理健康状况不佳、有精神病倾向、服用止痛药且身体状况更差。澳大利亚的另一项研究表明，养宠物对老年人的身心健康没有影响。芬兰的研究人员发现，养宠物的人自觉身体健康感受没有更好，反而更差，而且和较高的BMI、高血压、肾病、关节炎、坐骨神经痛、偏头痛和恐慌症等情况有关。贝尔法斯特女王大学的研究表明，患有慢性疲劳综合征（CFS）的宠物主人相信，他们的宠物给他们带来了许多心理和生理上的好处。但事实上，他们疲惫、抑郁和担忧的情况与没养宠物的CFS患者是一样的。

但为什么我们很少听说这些故事呢？部分原因是人们想相信猫对我们有好处（毕竟，我们确实喜欢它们），原因之一是积极结果发表偏倚（positive-outcome publication bias），即使科学界认为，一个证明为错的理论与确实没有错误的理论一样有价值。另一个因素是可怕的铺天盖地的科学新闻。这些文章的标题通常是"养猫对你有益的十项科学解释"，但我花了2个礼拜的时间试图去找寻这些文章的来源，发现这些文章所给出的"科学解释"只有不到1/3与学术研究有关。其余的人则盲目地重复他人的观点和假设，其至是作为事实去兜售明确的谎言。很多说法（比如猫可以帮助自闭症儿童等）并没有得到证实，而且就拿刚才的那个研究来说，该研究是专门针对狗的。我不想往任何毛茸茸的小生物身上泼冷水，我特别爱我的猫，但我们该尊重事实，不对吗？

猫界传奇

塔拉（Tara）

在网络上观看关于猫的短视频很可能会浪费你生命中一大部分时间，
但这里我们要提一下一个很棒的视频。
2015年，监控器拍摄到主人4岁的儿子被邻居的恶犬攻击时，
家里那只叫塔拉的猫勇敢地站了出来，
并且飞奔过去营救小男孩。
恶犬撕咬小男孩的腿时塔拉主动攻击恶犬，将其撵走。
塔拉的英勇伟绩让它非常出名，
而那条恶犬因为有危险性而被施予了安乐死。

8.03 猫对我们的身体健康有害吗？

让我们来谈一谈人畜共患病。人畜共患病是可以从动物传播给人的疾病，包括狂犬病、埃博拉、SARS和冠状病毒感染等，弓形虫病也是如此，它是由原虫引起的，在30%～40%的家猫身上都有，人类接触猫科动物的粪便就有可能被感染。

弓形虫病最奇怪的一点是，它会使包括人类在内的动物变得更加胆大。来自日内瓦大学的一组研究人员发现，当刚地弓形虫感染啮齿动物时，它们会变得更加大胆，对猫的恐惧大大降低，总体上不是那么恐惧（对喜欢捕猎老鼠的猫有益，对想要保护自身生命的老鼠不是个好事*）。它甚至让老鼠被猫尿液的气味所吸引。进化生物学家雅罗斯拉夫·弗莱格（Jaroslav Flegr）花了多年时间研究弓形虫病对人类行为的影响，他发现，受感染的男性更有可能无视规则、过度疑心或嫉妒，反应明显迟钝。

弓形虫病并不会让你与众不同——世界上大约一半的人口可能已经被感染了，但绝大多数人没有出现这种疾病的症状。然而，被感染的人数之多意味着，有些感染者只出现流感样症状、癫痫发作或眼部问题，感染者的人数不容小觑。这种疾病对那些免疫系统受损的人特别危险，患有急性弓形虫病的孕妇也可能传染给胎儿。对爱猫的人来说，好消息是，被猫感染的概率很低，吃下含有弓形虫包囊的未煮熟的肉类是感染的最主要的方式。尽管如此，孕妇还是要避免接触猫砂，以防被感染。

奇怪的是，由刚地弓形虫引起的包囊（休眠体）在受感染小鼠的大脑区域中被发现，浓度特别高，这些区域处理视觉信息，并导致整个大脑的神经组织炎症。这种神经炎症如何改变各种行为特征，还需要更多的研究来发现。但似乎弓形虫可能会和猫共同进化并最后使猫获益，猫粪便中的寄生虫感染老鼠并影响它们的视力，使猫更容易捕捉它们。这招真是天才。

除此之外，研究表明，猫会引发儿童湿疹，当然，猫还会咬人，仅在美国每年就有近40万人中招。许多叮咬造成了多杀性巴斯德菌感染，这种细菌感染大约在被咬后12小时出现。养猫和抑郁症之间也有联系，密歇根大学（the university of Michigan）医学院的大卫·哈诺尔（David A Hanauer）发现，有41%被猫咬伤的患者患有抑郁症，而整个研究小组中抑郁症患者比例为9%。还有一种叫作猫抓病（CSD）的疾病，由汉赛巴尔通体引起，以及由猫钩虫引起的蠕变疹（又名皮肤寄生虫幼虫移行症）。再强调一次，最好离你家猫的大便远一点。

---

* 事实证明，弓形虫（一种处于休眠状态的微生物）引起的囊肿在受感染的小鼠大脑处理视觉信息的区域中被发现，浓度很高，且导致整个大脑的炎症发生。目前，更多的研究指向了神经系统炎症如何改变各种行为特征，但是弓形虫似乎已经与猫共同进化到对猫有利了。

8.04 养一只猫得花多少钱？

据巴特西猫狗救助之家的估计，在英国饲养一只猫一年大概要花费1000英镑，或者说是在猫18年的生命历程里（这是非常乐观的估计）要花掉18000英镑。美国虐待动物防治协会（American Society for the Prevention of Cruetly）估计，饲养猫的成本大约为634美元（18年内为11412美元），但这两个数字都不包括买猫的成本。这么看来养猫可是一笔巨款，但即便如此，养猫还是比养狗便宜。在英国，养狗每年要花费445～1620英镑，在美国养狗每年要花费650～2115美元（资料来源于爱狗人协会）。如果按照狗的平均寿命13年来算的话，总共要花5785～21060英镑或8450～27495美元（同样，这也不包括买狗成本）。

当然，实际的成本取决于你想花多少钱。一只血统纯正的猫售价高达1000英镑（1400美元），宠物保险费和美容费用也比较高，而像我这样从收容所领养猫，花了大约70英镑（95美元）。食物成本可能是你最大的支出，在英国，每年的花费在160～2000英镑（225～2800美元），这取决于你购买的品牌和你的猫的需求（有特定营养需求的猫可能需要更昂贵的食物）。另一个重要的成本在于宠物托育，也就是当你不在的时候，谁来伺候你的猫。在英国，如果聘请专业的宠物保姆或让猫寄宿猫舍，每年很容易多花掉1000英镑（1400美元）——不过如果你有一个邻居会帮你一把就会省下这笔费用了。养猫的其他费用包括定期上兽医那里进行全身检查，接种疫苗的费用，以及其他预备工作，比如安装微芯片或给猫笼子安个门等，还有其他杂七杂八的费用，比如买猫碗、猫砂和猫砂盆、玩具，还有带它去看兽医的交通费。你必须给你的猫投保。我没有注意到我心爱的猫的保险已经失效，在它生命的最后一年里医疗费用就花了我3000英镑（4100美元）。在英国猫的保险每年是35～300英镑，在美国是300～900美元，这取决于保险单和你住的地方（在大城市更贵），但老猫的保费可能会飙升。许多公司根本不会为8年或10年以上的猫投保。

猫界传奇

土豪猫托马索（Tomaso）

这只黑猫从它的主人、意大利地产大亨遗孀
玛丽亚·阿松塔（Maria Assunta）那里继承了1300万美元的遗产，
玛丽亚指定这笔财富如果无法由流浪进入她家的托马索继承，
那就要交给一家能够照顾它的动物福利慈善机构，
但因为无法找到一个她满意的机构，
所以她死后，这笔钱由她的护工代为保管。

8.05 你的猫为什么总是给你带动物尸体当礼物?

大多数家猫都被喂得很好,这些食物营养而又美味。那么,为什么你那可爱的猫会给你带回开膛破肚的啮齿动物当礼物呢?

过去,对这个问题的标准回答是:

a. 你的猫认为你是一个又大又懒的巨婴,打猎很垃圾,需要喂食。

b. 你的猫试图教会你打猎。

c. 你的猫想让你为它的狩猎能力感到骄傲。

d. 这是一份礼物——别那么忘恩负义,就当回报啦。

然而,没有证据表明这些说法都是正确的。最有可能的答案是,你的猫是一个天生的捕食者,不管你有没有喂它吃过昂贵的肉汁鸭肉,它都会忍不住去狩猎。虽然母猫经常带回来死老鼠给小猫,但没有证据表明你的猫是把你当成它的小猫。猫把猎物带回来,很有可能就是狩猎本能驱动下顺势而为,但当它打猎回来后,这一切就显得没什么必要,它懒得吃猎物。当它分心的时候,它就会随意地把猎物丢掉——可能就是因为你在场导致的。看起来好像是我们的猫在给我们带礼物,但那是因为我们非常渴望找到它们爱我们的证据,因而我们会忽略痛苦的事实。

8.06 可不可以牵着绳子带猫出门？

如果你想带你的猫出去散步，可以利用各种牵引绳或宠物胸背带，尽管一些动物驯兽师鼓励这一做法，但是英国皇家虐待动物防治协会（RSPCA）认为这是一个相当糟糕的主意。该协会认为，猫具有高度的领地意识，它们会对新的不断变化的环境而倍感压力。然而，它们并没有提倡禁止所有的溜猫绳。英国皇家虐待动物防治协会的伴侣动物部门的负责人萨曼莎·盖恩斯（Samantha Gaines）博士这么说："我们只想让猫的主人考虑到每只猫都是一个独立个体。""对一些人来说，牵着它们行走可能是合适的，但我们需要注意，我们不要把猫当成狗。"

猫非常重视它们的自由感和控制感——当你为它们系上溜猫绳那一刻起，它们就会失去这些东西。盖恩斯说："采取措施提供一个有大量可以活跃且新鲜刺激的室内环境，可能比牵着它出去遛弯更好。"

8.07 为什么有的人会对猫过敏？

令人惊讶的是，世界上有10%～20%的人对家庭宠物过敏，而对猫过敏的人数是对狗过敏的2倍。过敏是指免疫系统对通常无害的物质出现超敏反应，最常见的反应是眼睛发痒、咳嗽、打喷嚏、鼻塞和皮疹。有些人还可能会发展为过敏性哮喘或鼻炎，其中最严重的情况可能是致命的。

患者通常认为猫毛是罪魁祸首，但我们几乎可以肯定的是猫唾液、肛门腺排泄物、尿液中发现的8种蛋白质之一，特别是毛囊中的油性皮脂通过微小的皮屑（猫头皮屑）传播。

到目前为止，最有问题的过敏原是被命名为Feld1的活性蛋白（其他的被命名为Feld2到Feld8），它存在于猫的唾液和皮屑中，96%的猫过敏都是由它导致的。如果你对猫过敏，接触Feld1会导致你血液中的浆细胞产生免疫球蛋白G（IgG）或免疫球蛋白B等抗体，这些抗体的作用是与过敏原结合并中和它们（尽管过敏原在其他方面是无害的）。这将触发炎症物质，如组胺的释放，这被认为可以帮助白细胞和蛋白质处理可疑的病原体。然而，过敏者会导致对这些物质的过度生产，导致瘙痒和组织肿胀。

如果你对猫过敏，你也许可以通过服用抗组胺药、定期清洗床上用品、吸尘和给你的猫洗澡（哎哟，这个可有点难啊，祝你好运）来解决这个问题。或者，试着找一只不掉多少毛或Feld1水平较低的低致敏性猫。

8.08 为什么猫喜欢黏着那些不喜欢猫的人?

讨 厌猫的人、猫恐惧症患者（对猫过度恐惧的人）和对猫过敏的人经常说，它们比爱猫的人（猫奴）更吸引猫。德斯蒙德·莫里斯（Desmond Morris）在他的书《猫咪学问大》（*Catwatching*）中指出，猫会被那些不试图抚摸它们的人所吸引，相反，喜欢猫的人会更专注地看着它们，这可能会让它们感到焦虑。

最近，约翰·布拉德肖（著名的猫行为学家和布里斯托尔大学人类动物学研究所主任）用喜欢猫或被猫排斥的人测试了这一理论，结果恰恰相反，他使用的8只猫中有7只避开了有猫恐症的人。与此同时，那只与众不同的猫则扑倒了恐猫者的腿上，发出呼噜声。布拉德肖怀疑，在少数情况下，当猫确实更喜欢有恐猫症的人时，会给这些人留下深刻的印象，直到它们离开时也一直认为这种事情会发生。

8.09 为什么训练猫如此的困难？

不像从与人类的互动中获益巨大的狗，猫不会特别想逗我们开心。它们是孤独的伏击捕食者，它们聚在一起只是为了交配或饲养小猫，仅此而已。它们根本没有一起工作的动力，因此很难接受训练。坦率地说，能让它们享受我们的陪伴已经是一个奇迹，如果它们不是这样天生的捕鼠猎人，它们根本不太可能进入我们的家。

尽管许多猫向我们流露情感，但它们似乎不需要或不渴望我们的认可，而且食物也并不是特别能引起猫的兴趣，这些都使它们难以训练。也就是说，让猫使用猫砂盆很容易——它们会经常训练自己——让它们学会使用宠物门，回到房子中，并且在被呼唤的时候前来，这都很容易。而且，训练猫去做其他的事情也不是不可能的，这就是为什么有很多书声称能帮助你*。

猫的训练通常从食物奖励开始，然后开始使用响片。首先，响片与食物奖励同时使用，一段时间之后猫就会将响片本身视作奖励。这是一种经典的条件反射技术，称为次级强化，只要你规律定时地在仅有响片的训练之间穿插与食物并用的时段来维持猫的动力，训练就会起到非常好的效果。

---

* 有一本优秀的书叫《可驯养的猫》（ *The Trainable Cat* ），作者是约翰·布拉德肖和莎拉·埃利斯，但这本书侧重于训练你的猫在面对陌生人、客人来访或者看兽医时减轻焦虑，不会那么躁动，而不是要它跳火圈。

** 如果你已经训练你的猫能够表演这些小把戏，你就会懂我的感受。我嫉妒死了。我努力了那么久，真难啊。

那么，你能训练你的猫做些什么呢？常见的技巧包括训练它坐下，跳过障碍物，伸出爪子握手、击掌，套上溜猫绳去散步，越过铁箍圈跳到目标上。如果真是这样，我想知道怎么我家的那只笨蛋什么都不会做？**

一分钟内完成最多指令的猫

2016年2月，在澳大利亚的堤维德岬（Tweed Heads），
一只名叫迪加（Didga）的猫与其主人罗伯特·多尔威特
（Robert Dowellt）一起在一分钟内表演了24个把戏。
根据吉尼斯世界纪录，
这些技巧包括跳跃、击掌以及玩滑板。

8.10 总是把你的猫关在家里好吗？

这是一个非常有争议的问题：你应该把你的猫锁在家里面，还是让它随意出入？支持守家的人士感到困惑，竟然会有人放任自己养的可爱的猫外出，外面有呼啸的车流、凶恶的大狗，还有邻居家绰号"杀手"的橘猫琼斯（Jones）。的确，猫在户外被认为风险更大，寿命更短（因为它们在户外面临的风险更大），但外出派认为这让猫活出了本色，做它们自己最喜欢做的事情，一边闲逛一边呼吸新鲜空气。

事实是，将猫关在家里面是完全可行的。猫是孤独的，生来就不愿意和其他猫一起玩，比起加深友谊，在当地花园里来回走动的猫可能会引起更多的焦虑。但它们确实有出色的打猎和攀爬的本领，以及与这种本领相匹配的食欲，所以总是被关在室内的猫有一些特定的需求。

所需要的工具清单很明显：宠物便盆，至少一根抓挠桩，碗和可以躲藏和闲逛的地方，最好是一些位于高处的。猫必须通过探索和玩耍来获取食物的益智喂食装置也很有用。但是，最重要的是作为主人的你的陪伴和关注。不让猫活动会导致无聊、压力和肥胖，而主人是猫的主要关注点。它们需要大量的游戏刺激，需要梳毛、抚摸和抓挠，需要追逐和狩猎的玩具——球、羽毛、纸板箱和类似老鼠的东西。还有你，人越多越好，它们也不会烦的。

8.11 为什么猫总是去按软软的东西, 比如说你的大腿?

大多数猫会按摩或揉捏任何柔软的东西, 通常是眼睛半闭着, 处于一种舒爽幸福的状态。它们每隔一到两秒钟爪子交替向下压, 通常直接按压它们的主人。当它们这样做的时候, 它们也会伸出脚趾伸展爪子, 这可能会被它们正在按的任何材料卡住。虽然猫似乎很喜欢这样, 但如果放在你的腿上, 会特别痛, 这引发了典型的猫奴难题, 努力保持猫和人之间脆弱的联系, 还是把它愈陷愈深的爪子挖出来?

这种揉捏行为在小猫身上最常见, 但许多猫在成年之后还是会继续这样做, 通常是在感到满足和安心时。这往往伴随着清晰的呼噜声, 有时还伴随着不自主地流口水 (当我抚摸我的猫时它会流很多口水, 但这可能是因为我抚摸的技术高超)。

生物学家认为, 揉捏可能是猫从小猫时代延续下来的习惯, 当时它们会揉捏母亲的乳头, 以刺激产奶量。由于喝奶进食可以让它们愉悦, 它们就把这种行为与积极良好的体验联系起来。猫现在可能已经取代或借用了这种行为, 以向它们的主人表达类似的感情, 这就是为什么你的猫会揉你的腿。我的猫无法控制流口水也可能与此有关, 这是由于对它母亲泌乳而产生的期待。另一方面, 猫在揉捏之后通常会睡觉, 这又支持了一个完全不同的理论, 就是野猫习惯按压树叶, 好为自己搭建临时的住所。

8.12 养一只猫对气候变化有什么影响?

养一只可爱的猫虽然很不错,但它们产生的粪便以及吃的食物确实给环境带来了负担,这需要消耗能源来生产、收获和运输。在《该开始吃狗了吗?》一书中(*Time to Eat the Dog?*)作者罗伯特·瓦勒(Robert Vale)和布伦达·韦尔(Brenda Vale)估计,一只猫的生态足迹相当于大众高尔夫每年行驶10000千米对生态环境所产生的影响,一只猫每年的生态足迹约为0.15公顷,而一只狗的生态足迹约为0.84公顷。

2017年,加州大学洛杉矶分校(UCLA)的一项研究得出结论,在美国,狗和猫消耗的饮食能量约为人类消耗的19%——相当于增加了6200万人的负担。它们还产生大量的粪便——相当于人类粪便量的30%。在土地、水、化石燃料、磷酸盐和生物杀虫剂的使用方面,狗和猫的食物占动物制造的环境影响的25%~30%。该研究承认,宠物食品总是由人类通常不去食用的肉类副产品制成的,但又反驳说,如果狗能吃这些东西,人类也应该没问题。诚然,我们现在并没有多少人喜欢吃家畜的肚、胃、肺和其他内脏,因为这样做需要一个巨大的文化转变。不过,值得庆幸的是,这些东西可能会很美味(我特别喜欢骨髓)。

研究表明:"人们喜欢他们的宠物。它们为人们提供了一系列真实的和可感知的以及心理上的好处……"然而,我们应该意识到,我们的宠物也带来了巨大的生态负担,我们在减轻我们自己的影响时也不能忘了这一点。这开启了一个道德和生态角逐的斗场,在这里我们必须平衡不可量化的情感影响(我非常爱我的猫)和可量化的气候影响(我的猫又让我的饮食耗能增加了19%），这可能会导致我们陷入艰难的困境。毕竟，减少二氧化碳的排放最有效的一个方法是减少你孩子的数量，少养一个孩子每年节省64.6吨二氧化碳排放量（改为植物饮食每年只节省0.9吨二氧化碳排放量）。当然，我们爱我们的孩子，要量化所增加的爱是否超过了所带来的缺点是不可能的，也是可怕的。达到平衡才是必需的，讨论也免不了，但从减少屋内宠物数量跨到独生子女政策会不会太快了呢？

8.13 猫是冷漠的鸟类杀手吗？

猫 捕杀野生动物，包括鸟类，但是它们是否会比世界上其他食肉动物（比如喜鹊、老鼠、狐狸或郊狼）带来更多负面影响（换句话说就是把捉老鼠的猫赶出地球是否有益）尚无定论。

1997年，哺乳动物协会估计，英国每年有2.75亿只动物被宠物猫杀死。这个数字是根据他们的青年分部填写的表格和对696只猫的调查中推断得出的。关于这些数字的准确性一直有相当多的争议，但毫无疑问的是，猫会吃其他动物。2013年发表在《自然》（nature）杂志上的一项研究估计，在美国，猫每年杀死13亿~40亿只鸟类和63亿~223亿只哺乳动物。

那么，猫对鸟有害吗？事情也没那么简单。英国皇家鸟类保护协会（RSPB）表示，在英国，猫每年约捕获2700万只鸟，但"没有明确的科学证据表明这种死亡率会导致鸟类数量下降"。报告指出，有证据表明，猫大多捕杀那些虚弱的鸟，协会表示，"大多数被猫杀死的鸟很可能在下一个繁殖季节之前就死于其他原因，所以猫不太可能对种群数量产生多大影响"。

对动物数量影响最严重的情况发生在那些之前从未有过猫这样的捕食者出现的岛屿上。在那里，猫可以毁灭当地的野生动物，因为它们根本没有办法保护自己。一些反对猫最强烈的呼声来自澳大利亚和新西兰，那里的小型有袋动物和不会飞的鸟类已经灭绝（虽然尚不清楚是否完全是因为猫的捕食），一些城市对养猫有严格的限制——包括禁止猫出门或者新郊区的居民禁止养猫等。但没有明确的证据表明这些限制对野生动物有帮助，有时得到的数据表明，这些限制适得其反，可能是因为猫也捕食老鼠，而老鼠又捕食鸟类。

当然，家猫并不是鸟类或鸟蛋的唯一杀手——野猫、狐狸、喜鹊、老鼠、猛禽都可以，还有饥饿或者单纯不够健壮是绝大多数野生动物死亡的原因。虽然野猫的数量是受被遗弃或者走丢的家猫影响的，但它们对野生动物的影响并不是非常明确。约翰·布拉德肖在《猫感》（*Cat Sense*）一书中指出，"英国每只猫至少有10只老鼠吃"。众所周知，老鼠对鸟类和小型哺乳动物的杀伤力十分强劲，所以反猫游说团体在行动前要好好考虑自己的行为是不是真的正确。

第 9 章 猫与狗

9.01 不同物种之间能够分出优胜劣汰吗?

在深入讨论猫狗世纪大战前,让我们先停一下,不再用生物学的概念去看待这个问题,别怕,这不是什么费脑子、伤感情的话题。

因为拇指与其他四指对生,拥有抽象思维能力和美妙的音乐品位,我们人类总是认为我们比地球上其他所有的物种都要优越。猿和海豚可能没比我们差多少,但蚯蚓和浮游生物呢?看看我们所取得的"成就"吧:我们对地球的影响是如此之大,全新世(12000年以来人类从冰河时代开始发展的文明)现在被认为已经结束,取而代之的是人类世,一个由人类自我标榜而定义的时代。随着勺子、叉子、自拍杆和贾斯汀·比伯(Justin Bieber)等被创造,我们说其他物种没我们这么完美不为过吧。是啊!就任由你们自以为是吧,人类!从20世纪50年代开始标志人类世的开始,随之而来的是种种灾难性事件:放射性污染、二氧化碳排放的显著加剧、森林被大规模砍伐、生态环境被广泛破坏、战争冲突、不平等加剧、全球物种的大规模灭绝。

另一方面,蚯蚓的祖先在经历了5次大灭绝后依然存活了下来,到现在存在将近6亿年了,而人类才出现20万年。达尔文认为蚯蚓在世界历史的发展中扮演了最重要的角色,它们松耕土地,给我们的土壤施肥,使我们能够种植粮食。那浮游生物呢?好吧,只要看看这些数字你就会明白:78亿人类与2.4×10^{28}的SAR11浮游生物群相比是相当微不足道的。看看这2400000000000000000000000000000只浮游生物,数量远超人类。

所以,问猫是否比狗更好确实有点傻瓜,就像问"树和鲸鱼哪一个更好一样"。一棵树擅长做树,而鲸鱼也擅长做鲸鱼。蚯蚓并不比人类好,但是也并不比人类糟糕，它们作为一种陆地上雌雄同体的无脊椎动物，通过皮肤呼吸，生活在地下。即便如此，没有任何一个物种被认为已经进化到了一种完美的形态，而是总是以某种形式去适应它们所处的环境。猫和狗的驯化特别有趣，从进化的角度来看，它们都是野生的捕食者，最近才进入我们的生活当中，所以可能只是处于适应阶段的开始。过50万年之后再看，它们可能就是生物学上非常不同的生物了。考虑到人类现在的这种发展方式，50万年之后，恐怕宠物们心爱的人类已经不复存在了。

9.02 猫与狗：社会与医学领域

前 几页费尽口舌地解释了为什么将猫和狗进行比较违背了生物哲学的原则。但就是这样才有乐趣呢，来吧，让我们把猫和狗做一下对比。

欢迎度

在英国，狗比猫更受欢迎*（尽管各种统计数据结果千差万别）。23%的家庭至少拥有一只狗，16%的家庭至少拥有一只猫。

获胜者：狗

爱

这两种动物的主人都很爱自己的宠物，但哪种动物更爱我们呢？神经科学家保罗·扎克博士分析了狗和猫的唾液样本，以找出在与它们的主人玩耍后，哪一个动物的唾液中含有更多的催产素（与爱和依恋有关的激素）（见第63页）。猫的催产素水平上升了大约12%，而狗的催产素水平却上升了高达57.2%，差不多是猫的5倍。扎克博士甚至还补了一刀，说："发现猫会产生催产素真是个惊喜。"

获胜者：狗

---

* 根据宠物食品制造商协会2020年宠物数量报告

智力

狗的大脑平均质量为62克，猫的大脑平均质量是25克。但这并不代表着狗一定比猫更聪明——抹香鲸的大脑质量是人脑的6倍，但仍被认为智商不高，因为在哺乳动物中，我们的大脑皮层（负责信息处理、认知、感官、沟通、思想、语言和记忆）在我们的大脑中占比最大。智力的另一个衡量因素是大脑皮质中神经元的数量。神经元非常有意思，因为它们代谢的消耗很高（需要消耗大量的能量来保持运作），所以我们拥有的神经元越多，所需要消耗的食物也越多，因此必须进行更多的代谢才能将其转化为更多的能量。正因为如此，所以每种动物拥有多少神经元有绝对的数量限制。刊登在《神经解剖学前沿》（*Frontiers in Neuroanatomy*）上的一篇文章指出：狗大脑中的神经元比猫多——狗是5.28亿个，猫是2.5亿个。不过，人类在这方面已经算是完胜了，人类有160亿个神经元。开发这项测量方法的研究人员说："我相信动物拥有的神经元绝对数量，尤其是大脑皮层，决定了它们内部精神状态的丰富程度……狗能办到比猫更复杂、更灵活的事情。"

大脑应该是什么样子，实际上取决于对于某种动物来说真正需要的是什么。狗是群居动物，所以需要更多的沟通能力，这些功能集中在额叶和颞叶；而猫是孤独的猎手，可能需要更多的运动功能技巧，比如控制攀爬和逃跑的能力，这些功能集中在额叶的运动皮层。

获胜者：狗

容易饲养

猫的购买、饲养、喂养和照顾成本都比较低。它们是独立的，不需要遛它们，而且它们可以独处的时间比狗更长。它们会很高兴地在外面撒尿或者大便，但通常不是在你自己的花园里（对你好，对你的邻居可不太好）。那狗呢？哎哟，狗养起来就麻烦喽。

获胜者：猫

社交性

猫是独居的且有较强领地意识的动物，但通过与人类的接触可以获得真实的好感。狗可以与其他狗交往，尽管它们更喜欢和人类在一起。它们会对人类的许多命令和要求做出反应，并享受抚摸——与猫一样，获得了真实可感的好感。

获胜者：狗

生态友好性

猫每年杀死数以百万计的鸟类（尽管其影响和确切的数量有很大的争议），狗和猫都可能会减少生物多样性。另一方面，狗有着更大的生态足迹，喂养一只中等大小的狗每年需要0.84公顷的土地，而喂养一只猫每年只需要0.15公顷的土地。

获胜者：猫（勉强胜出）

健康效益

狗和猫的主人都可以从与宠物接触中获得积极的激素（这有助于降低压力），而且体内的免疫球蛋白水平比不养宠物的人更高，可能提供更高水平的胃肠道、呼吸道和尿道的保护。然而，在最近的研究中，许多养宠物可以获得健康的观点都受到了质疑。养狗的人比养猫的人更喜欢锻炼，这可能会降低心血管病的发生风险，提高心脏病发作后的存活率。但这些所谓的益处背后的事实是，英国每年有25万人在被狗咬伤后不得不前往急诊室就诊，且有2～3人会被狗直接咬死。根据世界卫生组织的数据，在全球范围内，每年约有5.9万人因为狂犬病而死亡。这些都与上面说的健康益处相矛盾。

获胜者：猫

可训练性

一般来说，一只狗经过训练后可以记住165个单词和动作，比如接球、坐下、伸出脚爪、跳跃、跟紧主人、躺在自己的床上、翻身、耐心等待等。但猫可做不到这些。

获胜者：狗

实用性

对少数拥有谷仓/农场或苦于鼠患的人，有捕鼠能力能够带来很多好处。对我们其他人来说，这有点让人困扰。另一方面，猫捕鸟就完全说不过去了。这就是猫能提供的所有东西——除了它们愿意降低身份吸引我们的注意，给我们带来很多快乐。相比之下，狗可以在打猎、嗅探违禁品和炸药、在荒野中追踪、诊断疾病、营救失踪者或被困者、引导视障人士、放羊、看守房屋等方面都发挥作用。

获胜者：狗

9.03 猫与狗：体能的交锋

速度

猎豹是陆地上跑得最快的动物，能够以117.5千米/时的速度奔跑。你的猫虽然不是猎豹，但如果它受到惊吓，它很可能在短时间内以32～48千米/时的速度冲刺。这与灰狗72千米/时的速度相比慢多了，但与速度在30千米/时的金毛猎犬不相上下。

获胜者：狗

耐力

狗无疑是这一项的赢家。猫是潜伏的捕食者，能够在冲刺前耐心地跟踪猎物几个小时。狗不是为短跑冲刺而生，而是为长距离有氧耐力跑而生的（就像我一样）。人类看中了狗这种可以跨越千山万水、穿越冰天雪地的能力，雪橇犬的耐力是惊人的——艾迪塔罗德（Iditarod）狗拉雪橇比赛中，参赛犬要历经8～15天的比赛赛程，跨越人口稀少的阿拉斯加1510千米。

获胜者：狗

捕猎能力

尽管定期被喂食，但几乎所有的家猫都保持着捕猎的冲动和技能，它们经常会把残缺程度不同的老鼠和鸟类带回家。相反，大多数狗都有追逐的本领，但绝大多数狗的狩猎能力可以被描述为可笑——除非是专门为这项任务而培育的狗。我的狗会以最快的速度追赶我的猫穿过花园，但一旦它抓住了猫，它就觉得没啥意思了，它想让猫再跑起来。但是对猫来说，它希望这只可恶的狗赶紧去死。

获胜者：猫

脚趾数目

不要以为这很无聊，脚趾很重要的，多指畸形在猫身上很常见，但是在狗身上非常少见。

获胜者：猫

进化趋势

2015年发表在《美国国家科学院院刊》（*Proceedings of the National Academy of Science*）上的一项研究表明，在过去，猫家族的成员比狗家族的成员更容易存活。狗大约在4000万年前起源于北美，到2000万年前，北美大陆已经是30多种犬科动物的家园了。如果不是因为猫，可能会有更多的犬类。研究人员发现，全世界有40多种犬科动物的灭绝与猫有关，因为猫与它们争夺食物并且占据优势，而没有证据表明狗使任何一种猫类灭绝。不同的狩猎方式可能是狗失败的原因，还有，猫的爪子可以伸缩，因此随时都会保持锋利。相比之下，狗的爪子不会缩回，而且通常比较钝。无论原因是什么，该报告指出，"猫科动物一定是更有效率的捕食者"，这意味着在某种程度上，它们更强。

获胜者：猫

9.04 为什么猫讨厌狗?

猫和狗都是最近才被驯化的肉食性狩猎掠食者，它们都非常偏爱一大块新鲜的肉，并且在很大程度上保持着它们猎杀的欲望。在猫出现之前，狗和人类一起生活了很多年，然后突然之间，在距今1万年前，它们被迫与这些暴躁的小野兽分享它们的家园、食物和主人的爱。再加上大多数狗都比猫体格要大，你肯定能猜到，饥饿的大狗肯定想吃弱小的猫。

当然事实并不是那么简单。许多家庭，包括我家，都养了一只猫和一只狗，所以真实情况并非如此。我家那只猫很显然讨厌死了这只狗，但狗却非常喜欢它，总是寻求它的注意，想带它去玩。对我的猫来说，它宁愿把别针插在眼睛里，也不愿和愚蠢的猎狗一块玩耍，而且似乎猫在这段关系中掌握主动。虽然狗偶尔会追猫，但更多时候却是反过来，猫经常用爪子抓可怜的狗，好确保它是臣服的。这似乎很常见，发表在《兽医行为杂志》(*Journal of Veterinary Behavior*)上的一项研究发现，57%的猫对自家的狗有攻击性（但只有10%曾经伤害过狗），只有18%的狗威胁过猫（只有1%的狗曾经伤害过猫）。

我不敢相信我那动情的狗会伤害我那凶狠的猫，但它的体型是猫的8倍，所以家里养着两种宠物的主人依然不能掉以轻心。一只没怎么接触过猫的老狗，心里尚存有捕猎的欲望，它有可能会觉得一只小猫温顺而又美味，所以不经意地引导两只动物进行接触，对于避免把对方当作美味零食是很重要的。促进猫狗建立彼此信任的关键时期是在小猫出生后4～8周，以及小狗出生后5～12周内，确保在安全以及受控的情况下，与另一物种和人类好好花时间练习相处。

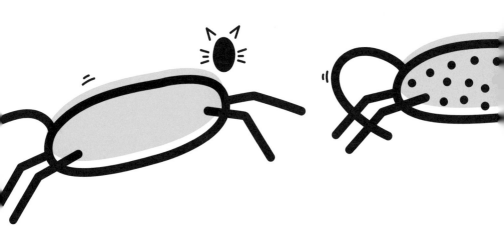

9.05 爱猫的人与爱狗的人

这节的标题还可以换成"如何用300字惹怒世界上绝大部分的人？"你看，我知道人们的性格千差万别，所以我并不是说狗的主人肯定是狂妄、霸道的自大狂——我只是说我们可能是，这么说其实也不准确。我爱狗、爱猫、爱沙鼠，也爱人类，所以我一视同仁。但是，2010年，德州大学对于爱狗人士和爱猫人士进行了研究，结果发现，与爱狗人士相比，爱猫人士不怎么愿意与他人合作，不怎么认真负责，缺少同情心，性格也相对内向，更容易患上焦虑症或抑郁症。虽然爱猫的人更神经质，但是他们比爱狗的人思想更开放，更有艺术品位和求知欲。2015年，澳大利亚一项研究发现，狗的主人在竞争力和社会地位等领域其得分高于猫的主人，这与它们的预测相符（因为狗听话，所以研究人员认为它们的主人往往有着较高的主权地位）。当然他们也发现，猫的主人在自恋心理以及主导人际关系等方面得分与狗的主人一般高。

2016年，Facebook发布了关于自己数据的研究（所以，请记住，它是针对Facebook用户的，尽管该公司确实有探知人们事情的能力，真让人害怕），并发现：

- 单身比例，爱猫的人（30%）比爱狗的人（24%）更高。
- 养狗的人有更多的朋友（嗯，是说Facebook上的朋友吧）。
- 养猫的人更有可能被邀请参加活动。

Facebook还发现，在爱猫的人提到的书中，文学类占比很大（比如《德古拉》（*Dracula*）、《守望者》（*Watchmen*）、《爱丽丝梦游仙境》（*Alice in Wonderland*），而爱狗的人对狗情有独钟，它们推荐较多的是宗教性读物，比如《马利和我》（*Marley and Me*）和《来自洛基的教诲》（*Lessons from Rocky*），这两本都是关于狗的书，还有《标杆人生》（*The Purpose Driven Life*）、《陋室》（*The Shack*）等，这些书都是关于上帝的。爱狗的人喜欢看情感充沛的电影，如《恋恋笔记本》（*The Notebook*）、《最后一封情书》（*Dear John*），而爱猫的人则喜欢看科幻动作片，如《终结者2》（*Terminator 2*）。

但当研究内容涉及情绪时，Facebook的数据变得非常有趣。它似乎真的反映了主人对自家宠物的刻板印象，发现爱猫的人比爱狗的人更有可能在网上发帖表达疲劳、好玩和烦恼，而爱狗的人更有可能表达兴奋、骄傲和"幸福"。

第 10 章　猫的饮食

10.01 猫粮里面有什么？

2020年，全球宠物食品市场交易额为548亿英镑（746亿美元），仅英国市场交易额为29亿英镑（37亿美元）。19世纪60年代，美国企业家詹姆斯·斯普拉特（James Spratt）在英国推出了第一个商业宠物食品。他曾前往伦敦销售避雷针，但他当时拿了一些不能吃的水手粮去喂他的狗，就因此改变了主意。他发现市场上根本没有此类商品，他脑筋一动，创造了"斯普拉特肉纤维狗蛋糕"（Meat Fibrine Dog Cakes），还挺美味的。他的产品取得了巨大的成功，先是在英国大卖，后来又在美国风靡，查尔斯·克鲁夫特（Charles Cruft）是他早期在英国的员工，后来离开英国去办了克鲁夫特狗狗展。

尽管有一些恐怖的谣言，但是宠物食品公司并不会在猫粮中添加任何杂七杂八的东西。这是一个受高度监管的行业，一些标准高得惊人：用作原料的动物必须通过兽医检查，以确保它们在屠宰时适合人类食用。禁止使用宠物、路边暴毙的生物、野生动物、实验动物和带有皮毛的动物，患病动物的肉也被禁止。猫粮通常是牛肉、鸡肉、羊肉和鱼肉的衍生物，以及在制造供人类食用的食品之后剩下的边角料和副产品，通常包括肝脏、肾脏、乳房、牛肚、蹄子和肺，你听起来可能感觉挺恶心，但猫喜欢吃。但有一点更重要，这也意味着被屠宰的动物身上可以使用的任何部位都不会被浪费。

虽然商业猫粮的主要成分是肉类，但也经常在里面添加一些营养添加剂，如牛磺酸（一种猫自己不能制造的氨基酸）、维生素A、维生素D、维生素E、维生素K和各种矿物质。

　　湿猫粮通常将原料煮熟烘成肉卷，然后切成块状，再与果冻或肉汁混合。然后将其装入罐子、托盘或小袋中，在116～130℃的蒸馏锅（一个巨大的高压锅）中重新煮沸，以杀死细菌，使密封的包装绝对无菌，保质期长。然后等冷却就可以贴上标签了。

　　和湿饲料一样，干猫粮（或狗粮）也是由肉类和肉类衍生物的混合物制成的，但这些食物通常被煮熟，然后被磨成干粉，再与谷物、蔬菜和营养添加剂混合。加入水和蒸汽制成一个又热又厚的面团，然后再放入挤压机（一个大型的螺旋器，用来搅拌加热面团），接着将面团塞进一个叫作塑模的小喷嘴（起司泡芙也是这么制作的），在通过旋转刀片时被削成一个个固定的形状。这种加热会损耗肉中的一些营养物质，所以之后需要再添加更多的营养物质。当煮熟的面团出来时，压力的变化使它膨胀成粗粒状，然后加热晾干，再喷上香料和营养添加剂，以取代在整个制作过程中损耗的养分。

　　猫粮适合人类食用吗？根据法律，所有在英国销售的宠物食品都必须适合人类食用——而且它们都在蒸汽灭菌锅中被彻底灭菌了，所以它们基本不会有任何的细菌。

10.02 为什么猫如此挑食?

猫 的食谱出了名地变化无常，猫吃了半辈子的食物，突然不喜欢吃了，这种情况太多见了。其中一种原因可能是食物厌恶性学习，如果一只猫生病了，它可能会将生病和上一餐吃的东西产生负面联系，无论疾病是否是由食物引起的。这种厌恶可能是一种有用的生存机制，而且也往往是不可逆转的——通常主人唯一的选择是改变食物的味道或品牌。另一种解释可能是，猫有一种饮食多样化机制，一种基因预设引发的倾向，会使它们偶尔改变饮食内容，以避免太依赖于某种食物，兴许这种食物未来有一天就会消失。

更常见的情况是，猫在平时吃饭的时候没有任何缘由地停止进食，或者对你放在它们面前的美味菜肴嗤之以鼻。这可能有很多原因。对猫来说，它可能既脆弱又焦虑，它们在吃东西时很可能会被任何不寻常或无法掌控的事情所干扰。比如附近的另一只宠物，花园里的另一只猫，或者碗附近消毒剂的气味都会让猫感到焦虑，但猫的主人可能完全没有意识到。

如果你为猫的饮食感到担心，记住它的饮食模式，最好调整成为少食多餐（想想一只老鼠才多大），如果这样喂它不符合你的时间表，那它看起来就是挑食。它也可能在外出漫游时吃了些东西，所以需要自行调节蛋白质和脂肪比（见第88页）。但通常没有什么可担心的，除非食欲不振持续两三天以上，那么你要及时给兽医打电话。

10.03 猫能成为一个素食主义者吗？

猫，就像狮子和老虎一样，是专性的肉食动物，只食肉的肉食者，从肉类中获取所有营养需求。自然界中有不同程度的肉食动物，有饮食结构中肉类占比低于30%的低肉食动物，也有肉类占比在30%～70%的中肉食动物，以及肉类占比超过70%的高肉食动物。你可以猜到，猫属于最后一类。但这并不意味着猫不能吃植物——如果完全没有其他食物，它们就会选择吃植物。它们甚至可以从其中获得一些营养，但它们无法正确地分解植物来获得生长所需的所有营养*。与其他动物不同的是，猫的饮食需要肉类中含有的大量特定的营养素，如牛磺酸、维生素A和花生四烯酸。

和人类这种杂食动物以及羊这种反刍动物相比，猫的消化道相对较短，只是因为它们不需要那么长，肉比植物更容易分解，而复杂的消化系统需要消耗更多的能量，一个精明的猎人何必将能量消耗在这些无用的系统上呢？

培育出一只完全吃素的猫不是没有可能，但这很棘手——你需要高蛋白质、低纤维的植物原料，你的猫喜欢调味料，并且需要补充牛磺酸和硫胺素、烟酸等几种B族维生素以及许多其他微量的营养素。尽管现在各种宠物食品公司都使用上述方式进行生产，但还是建议你在把你家的猫改成纯素食饮食之前咨询一下兽医，许多兽医可能并不赞成，因为它们认为传统的肉类

---

* 虽然说一个人只吃果酱三明治还能活很多年，但如果缺乏维生素和矿物质，最终会导致一系列的营养、发育、免疫系统和心血管系统的问题，以及加大了早逝的风险。

饮食是安全且可调控的。成分以植物为主的宠物食品生产商可能会说那些不赞成的兽医们"思维定式，顽固不化"。的确，许多学术研究指出，以肉类为基础的猫狗粮会对健康造成不利影响，但没有明确的研究证明素食对健康更好。

大胖猫

根据吉尼斯世界纪录，

世界上体重最大的猫是澳大利亚一只叫希米（Himmy）的猫。

它于1986年死于呼吸衰竭，

当时的体重达到了21.3千克。

希米想要移动不得不使用独轮手推车。

希米去世之后，可能还会有更胖的猫，

但吉尼斯世界纪录终止了这一项纪录，

因为害怕人们为了争夺这一纪录而过度喂养自己的宠物。

10.04 为什么猫会吃草？

清理猫的呕吐物真的挺让人恶心，但是含有草的呕吐物是最恶心的（见第44页），那主要是泡沫丰富刺激性强的胃液，深深地渗入毛毯之中。

猫和人类一样，缺乏代谢纤维素的消化机制和化学物质，这就是它们为什么把草吐出来。但它们为什么一开始要吃草呢？有一种说法是，猫从草中的汁液提取叶酸，然后通过新陈代谢将其转化为维生素B$_9$。维生素B$_9$对血红蛋白的产生至关重要，如果没有它，猫就会贫血。但如果这对猫来说很重要的话，为什么它们会在把它分解成组成部分之前把它吐出来呢？当然，它们或许会消化一定比例的草，然后再吐掉少量的草，这不是不可能。

猫有的时候需要让自己呕吐——比如说猫身体不舒服或者需要清除消化道中难以消化的物质（皮毛、羽毛、肠道寄生虫）时，因此它们有可能用草作为一种催吐剂——一种用来引起呕吐的食物或药物（它用于清除引起中毒的毒素）。另一种理论是，草有通便的作用，帮助猫有规律地排便。显然，这两种理论是完全矛盾的。我们目前能确定的一件事是，猫似乎不会因为呕吐而非常痛苦，而且吃草对它们来说是完全安全的。吐出来总比留在体内更好。

10.05 猫为什么爱吃鱼?

对于猫对鱼极其热爱这一点,我们觉得理所当然,高刺激性的气味刺激了它们的嗅觉,高蛋白含量使其成为一个巨大的营养来源。我的猫赖皮几乎杀死了我们家所有的鱼,尽管它没有吃它们,只是把它们从鱼缸中解放出来。但猫对鱼的痴迷却很奇怪,原因有几个。

首先,因为大多数猫都会对水很恐惧,而水却是鱼出现的地方,所以从进化的角度来看,两个物种不太可能经常碰面。第二,因为新鲜的鱼类并不适合成为它们饮食的主要组成部分。猫不能很好地处理鱼骨,而金枪鱼罐头中的汞和磷含量可能会很高,这对患有肾病的猫有极大的害处。鱼类也是猫过敏的主要原因之一(在一项研究中,约占所有食物过敏情况的1/4)。

然而,尽管有这些弊端,一些猫却仍然非常喜欢吃鱼,如果经常喂它们鱼,它们会拒绝吃其他任何东西。吃少量的鱼不太可能会引起什么问题,但一定要小心,否则你可能会发现自己在供应食物上陷入了一个无限循环的吞钱无底洞。

10.06 猫为什么总是在食物边上抓挠?

我家那只名声败坏、举止恶劣的虎斑猫,在吃完晚饭后,偶尔会在它的餐盘附近做奇怪的挠地板的动作。看起来它要么是在清理不存在的食物残渣,要么就是把一些不存在的污垢从一个地方转移到另一个地方,但实际上它什么也没办到。挠地板的动作可以持续大约两分钟,直到它(这是猫,而不是十几岁的孩子)恢复了理智,到别处去溜达。

虽然这个动作没有什么实际用途,但很常见,而且可能与猫无可挑剔的卫生习惯有关。它们用同样的动作来埋粪便或尿液,所以这可能与猫倾向于隐藏它们在场的痕迹有关,以避免潜在的捕食者。丹尼斯·特纳(Dennis Turner)和帕特里克·贝特森(Patrick Bateson)在合作的著作《家猫:行为的生物学》(*The Domestic Cat: The Biology Of its Behaviour*)中也无法准确解释猫为何要这么做,但它们推测这也许是演化残留的习惯:"这种进化而

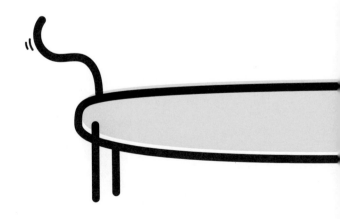

来的古老行为并不受通常学习规则的限制约束，能够获得奖励的行为才可以持久地留在动物的活动行为中，而挠地习惯遵循这个法则。"简而言之，这种行为只是未完全消退的进化余音。

最长的猫

来自美国雷诺（Reno）的一只缅因库恩猫斯蒂维（Stewie）
体型非常庞大，从鼻尖到尾巴末端长1.23米。
这只猫于2013年1月去世，享年8岁。
它生前一直是一名合格的"治疗猫"，参与动物辅助治疗，
是当地养老院的常客。

参考资料

我在撰写这本书时，阅读了海量的书籍、文章和研究论文，尽管这些研究有很多结果，而且其中一些看法相互矛盾，我还是要好好感谢这些出色的作者（很抱歉，这里只列出了一小部分）。这就是科学研究的本质——随着研究方法的改变，研究结果的性质也在发生变化。许多像我一样的科学爱好者必须尽可能地广博阅读，评价相关性以及研究的背景，并在林林总总的信息中整理出一条科学之路，祈愿自己不会偏离真相。我已经尽了我最大的努力来弄清楚我讲述的是科学研究还是观点，即使这个观点来自专业的兽医。关于猫还有很多需要了解的东西，每一项新的研究都能帮助我们更多地了解它们，更好地照顾它们。

总体文献
'Pet Population 2020' (PFMA)
pfma.org.uk/pet-population-2020

1.一个非常不科学的引言
'Facts + statistics: Pet statistics' (Insurance Information Institute)
iii.org/fact-statistic/facts-statistics-pet-statistics

'US pet ownership statistics' (AVMA)
avma.org/resources-tools/reports-statistics/us-pet-ownership-statistics

2.01 猫的简史

'Phylogeny and evolution of cats (Felidae)' by Lars Werdelin, Nobuyuki Yamaguchi
& WE Johnson in *Biology and Conservation of Wild Felids* by DW Macdonald
& AJ Loveridge (Eds) (Oxford University Press, 2010), pp59–82
researchgate.net/publication/266755142_Phylogeny_and_evolution_of_cats_Felidae

'The near eastern origin of cat domestication' by Carlos A Driscoll *et al*, *Science*
317(5837) (2007), pp519–523
science.sciencemag.org/content/317/5837/519

2.02 你的猫基本上算可爱的小老虎吗?

'Personality structure in the domestic cat (*Felis silvestris catus*), Scottish wildcat (*Felis
silvestris grampia*), clouded leopard (*Neofelis nebulosa*), snow leopard (*Panthera uncia*), and

African lion (*Panthera leo*): A comparative study' by Marieke Cassia Gartner, David M Powell & Alexander Weiss, *Journal of Comparative Psychology* 128(4) (2014), pp414–426
psycnet.apa.org/record/2014-33195-001

3.04 猫是左利手还是右利手？

'Lateralization of spontaneous behaviours in the domestic cat, *Felis silvestris*' by Louise J McDowell, Deborah L Wells & Peter G Hepper, *Animal Behaviour* 135 (2018), pp37–43
sciencedirect.com/science/article/abs/pii/S0003347217303640#

'Laterality in animals' by Lesley J Rogers, *International Journal of Comparative Psychology* 3:1 (1989), pp5-25
escholarship.org/uc/item/9h15z1vr

'Motor and sensory laterality in thoroughbred horses' by PD McGreevy & LJ Rogers, *Applied Animal Behaviour Science* 92:4 (2005), pp337–352
sciencedirect.com/science/article/abs/pii/S0168159104002916?via%3Dihub

3.05 脚掌与爪子的科学

'Feline locomotive behaviour'
veteriankey.com/feline-locomotive-behavior

'Locomotion in the cat: basic programmes of movement' by S Miller, J Van Der Burg, F Van Der Meché, *Brain Research* 91(2) (1975), pp239–53
ncbi.nlm.nih.gov/pubmed/1080684

'Biased polyphenism in polydactylous cats carrying a single point mutation: The Hemingway model for digit novelty' by Axel Lange, Hans L Nemeschkal & Gerd B Müller, *Evolutionary Biology* 41(2) (2013), pp262–75

'The Hemingway Home and Museum'
hemingwayhome.com/cats

3.07 为什么猫会有一双邪恶的眼睛？

'Why do animal eyes have pupils of different shapes?' by William W Sprague, Jürgen Schmoll, Jared AQ Parnell & Gordon D Love, *Science Advances* 1:7 (2015), e1500391
advances.sciencemag.org/content/1/7/e1500391

3.08 为什么猫总是脚先着地？

'Feline locomotive behaviour'
veteriankey.com/feline-locomotive-behavior

3.09 你的猫身上有多少根毛发?

'Cleanliness is next to godliness: mechanisms for staying clean' by Guillermo J Amador & David L Hu, *Journal of Experimental Biology* 218 (2015), 3164–3174
jeb.biologists.org/content/218/20/3164

'Weight to body surface area conversion for cats' by Susan E Fielder, *MSD Manual Veterinary Manual* (2015)
msdvetmanual.com/special-subjects/reference-guides/weight-to-body-surface-area-conversion-for-cats

3.12 你的猫多大了?

'Feline life stage guidelines' by Amy Hoyumpa Vogt, Ilona Rodan & Marcus Brown, Journal of Feline Medicine and Surgery 12:1 (2010)
journals.sagepub.com/doi/10.1016/j.jfms.2009.12.006

4.01 猫屎为什么闻起来这么臭?

'The chemical basis of species, sex, and individual recognition using feces in the domestic cat' by Masao Miyazaki *et al*, *Journal of Chemical Ecology* 44 (2018), pp364–373
link.springer.com/article/10.1007/s10886-018-0951-3

'The fecal microbiota in the domestic cat (*Felis catus*) is influenced by interactions between age and diet; a five year longitudinal study' by Emma N Bermingham, *Frontiers in Microbiology* 9:1231 (2018)
frontiersin.org/articles/10.3389/fmicb.2018.01231/full

'Gut microbiota of humans, dogs and cats: current knowledge and future opportunities and challenges' by Ping Deng & Kelly S Swanson, *British Journal of Nutrition* 113: S1 (2015), ppS6–S17
cambridge.org/core/journals/british-journal-of-nutrition/article/gut-microbiota-of-humans-dogs-and-cats-current-knowledge-and-future-opportunities-and-challenges/D0EA4D0E254DD5846613CB338295D2D3/core-reader

'About your companion's microbiome'
animalbiome.com/about-your-companions-microbiome

4.02 为什么猫不会放屁?

Fartology: The Extraordinary Science Behind the Humble Fart by Stefan Gates (Quadrille, 2018)
gastronauttv.com/books

'The chemical basis of species, sex, and individual recognition using feces in the domestic cat' by Masao Miyazaki *et al, Journal of Chemical Ecology* 44 (2018), pp364–373
link.springer.com/article/10.1007/s10886-018-0951-3

4.04 为什么猫会吐出毛球？
'Cats use hollow papillae to wick saliva into fur' by Alexis C Noel & David L Hu, *Proceedings of the National Academy of Sciences of the United States of America* 115(49) (2018), 12377-12382

5.02 你的猫爱你吗？
'Sociality in cats: a comparative review' by John WS Bradshaw, *Journal of Veterinary Behavior* 11 (2016), pp113–124
sciencedirect.com/science/article/abs/pii/S1558787815001549?via%3Dihub

'Attachment bonds between domestic cats and humans' by Kristyn R Vitale, Alexandra C Behnke & Monique AR Udell, *Current Biology* 29:18 (2019), ppR864–R865
cell.com/current-biology/fulltext/S0960-9822(19)31086-3

'Domestic cats (*Felis silvestris catus*) do not show signs of secure attachment to their owners' by Alice Potter & Daniel Simon Mills, *PLOS ONE* 10(9) (2015), e0135109
journals.plos.org/plosone/article?id=10.1371/journal.pone.0135109

'Social interaction, food, scent or toys? A formal assessment of domestic pet and shelter cat (*Felis silvestris catus*) preferences' by Kristyn R Vitale Shreve, Lindsay R Mehrkamb & Monique AR Udell, *Behavioural Processes* 141:3 (2017), pp322–328
sciencedirect.com/science/article/abs/pii/S0376635716303424

5.04 猫可以进行抽象思考吗？
'There's no ball without noise: cats' prediction of an object from noise' by Saho Takagi *et al, Animal Cognition* 19 (2016), pp1043–1047
link.springer.com/article/10.1007/s10071-016-1001-6

5.05 猫会做梦吗？
'Behavioural and EEG effects of paradoxical sleep deprivation in the cat' by M Jouvet, *Proceedings of the XXIII International Congress of Physiological Sciences* (*Excerpta Medica International Congress Series* No.87, 1965)
sommeil.univ-lyon1.fr/articles/jouvet/picps_65/

5.07 你不开心的时候，你的猫知道吗?
'Empathic-like responding by domestic dogs (*Canis familiaris*) to distress in humans: an exploratory study' by Deborah Custance & Jennifer Mayer, *Animal Cognition* 15 (2012), pp851–859
ncbi.nlm.nih.gov/pubmed/22644113?dopt=Abstract

'Man's other best friend: domestic cats (*F. silvestris catus*) and their discrimination of human emotion cues' by Moriah Galvan & Jennifer Vonk, *Animal Cognition* 19 (2015), pp193–205
link.springer.com/article/10.1007/s10071-015-0927-4

5.08 从猫笼子里出来之后你的猫会去哪?
'Roaming habits of pet cats on the suburban fringe in Perth, Western Australia: What size buffer zone is needed to protect wildlife in reserves?' by Maggie Lilith, MC Calver & MJ Garkaklis, *Australian Zoologist* 34 (2008), pp65–72
researchgate.net/publication/43980337_Roaming_habits_of_pet_cats_on_the_suburban_fringe_in_Perth_Western_Australia_What_size_buffer_zone_is_needed_to_protect_wildlife_in_reserves

5.09 你的猫在晚上都会做些什么?
'The use of animal-borne cameras to video-track the behaviour of domestic cats' by Maren Huck & Samantha Watson, *Applied Animal Behaviour Science* 217 (2019), pp63–72
sciencedirect.com/science/article/abs/pii/S0168159118306373

'Daily rhythm of total activity pattern in domestic cats (*Felis silvestris catus*) maintained in two different housing conditions' by Giuseppe Piccione *et al*, *Journal of Veterinary Behavior* 8:4 (2013), pp189–194
sciencedirect.com/science/article/abs/pii/S1558787812001220?via%3Dihub

5.11 猫真的能从几公里外找到回家的路吗?
'The homing powers of the cat' by Francis H Herrick, *The Scientific Monthly* 14:6 (1922), pp525–539
jstor.org/stable/6677?seq=1#metadata_info_tab_contents

5.12 猫为什么会害怕黄瓜呢?
'Object permanence in cats and dogs' by Estrella Triana & Robert Pasnak, *Animal Learning & Behavior* 9 (1981), pp135–139
link.springer.com/article/10.3758%2FBF03212035

5.16 为什么猫喜欢待在盒子里?
'Will a hiding box provide stress reduction for shelter cats?' by CM Vinkea, LM Godijn & WJR van der Leij, *Applied Animal Behaviour Science* 160 (2014), pp86–93
sciencedirect.com/science/article/abs/pii/S0168159114002366

5.17 为什么猫妈妈都很伟大，但是猫爸爸都非常糟糕？
'Aggression in cats'
aspca.org/pet-care/cat-care/common-cat-behavior-issues/aggression-cats

6.01 猫在黑暗中如何看清东西？
'Electrophysiology meets ecology: Investigating how vision is tuned to the life style
of an animal using electroretinography' by Annette Stowasser, Sarah Mohr, Elke
Buschbeck & Ilya Vilinsky, *Journal of Undergraduate Neuroscience Education* 13(3) (2015),
A234–A243
ncbi.nlm.nih.gov/pmc/articles/PMC4521742/

6.03 猫的味觉有多好？
'Balancing macronutrient intake in a mammalian carnivore: disentangling the
influences of flavour and nutrition' by Adrian K Hewson-Hughes, Alison Colyer,
Stephen J Simpson & David Raubenheimer, *Royal Society Open Science* 3:6 (2016)
royalsocietypublishing.org/doi/full/10.1098/rsos.160081#d14640073e1

'Pseudogenization of a sweet-receptor gene accounts for cats' indifference
toward sugar' by Xia Li *et al*, *PLOS Genetics* 1(1): e3 (2005)
journals.plos.org/plosgenetics/article?id=10.1371/journal.pgen.0010003

'Taste preferences and diet palatability in cats' by Ahmet Yavuz Pekel,
Serkan Barış Mülazımoğlu & Nüket Acar, *Journal of Applied Animal Research*
48:1 (2020), pp281–292
tandfonline.com/doi/pdf/10.1080/09712119.2020.1786391

7.01 为什么猫会喵喵叫？
'Vocalizing in the house-cat; a phonetic and functional study' by Mildred Moelk,
The American Journal of Psychology 57:2 (1944), pp184–205
jstor.org/stable/1416947?seq=1

'Domestic cats (*Felis catus*) discriminate their names from other words' by Atsuko
Saito, Kazutaka Shinozuka, Yuki Ito & Toshikazu Hasegawa, *Scientific Reports* 9:5394
(2019)
nature.com/articles/s41598-019-40616-4

8.02 猫对我们的身体健康有益吗？
'To have or not to have a pet for better health?' by Leena K Koivusilta
& Ansa Ojanlatva, *PLOS ONE* 1(1) (2006), e109
ncbi.nlm.nih.gov/pmc/articles/PMC1762431/

'Cat ownership and the risk of fatal cardiovascular diseases. Results from the second National Health and Nutrition Examination Study Mortality Follow-up Study' by Adnan I Qureshi, Muhammad Zeeshan Memon, Gabriela Vazquez & M Fareed K Suri, *Journal of Vascular and Interventional Neurology* 2(1) (2009), pp132–135
ncbi.nlm.nih.gov/pmc/articles/PMC3317329/

'Animal companions and one-year survival of patients after discharge from a coronary care unit' by E Friedmann, AH Katcher, JJ Lynch & SA Thomas, *Public Health Reports* 95(4) (1980), pp307–312
ncbi.nlm.nih.gov/pmc/articles/PMC1422527/

'Pet ownership and health in older adults: findings from a survey of 2,551 community-based Australians aged 60-64' by Ruth A Parslow *et al*, *Gerontology* 51(1) (2005), pp40–7
ncbi.nlm.nih.gov/pubmed/15591755

'Impact of pet ownership on elderly Australians' use of medical services: an analysis using Medicare data' by AF Jorm *et al*, *The Medical Journal of Australia* 166(7) (1997), pp376–7
ncbi.nlm.nih.gov/pubmed/9137285

'Are pets in the bedroom a problem?' by Lois E Krahn, M Diane Tovar & Bernie Miller, *Mayo Clinic Proceedings* 90:12 (2015), pp1663–1665, mayoclinicproceedings.org/article/S0025-6196(15)00674-6/abstract

'Multiple pets may decrease children's allergy risk'
https://www.niehs.nih.gov/news/newsroom/releases/2002/august27/index.cfm

8.03 猫对我们的身体健康有害吗?
'Toxoplasmosis rids its host of all fear'
unige.ch/communication/communiques/en/2020/quand-la-toxoplasmose-ote-tout-sentiment-de-peur/

'Cat-associated zoonoses' by Jeffrey D Kravetz & Daniel G Federman, *Archives of Internal Medicine* 162(17) (2002), pp1945-1952
jamanetwork.com/journals/jamainternalmedicine/fullarticle/213193

8.04 养一只猫得花多少钱?
'The cost of owning a cat'
battersea.org.uk/pet-advice/cat-advice/cost-owning-cat

'The cost of owning a dog'
rover.com/blog/uk/cost-of-owning-a-dog/

8.07 为什么有的人会对猫过敏？

'Dog and cat allergies: current state of diagnostic approaches and challenges' by Sanny K Chan & Donald YM Leung, *Allergy, Asthma & Immunology Research* 10(2) (2018), pp97–105

ncbi.nlm.nih.gov/pmc/articles/PMC5809771/

8.08 为什么猫喜欢黏着那些不喜欢猫的人？

'Environmental impacts of food consumption by dogs and cats' by Gregory S Okin, *PLOS ONE* 12(8) (2017), e0181301

ournals.plos.org/plosone/article?id=10.1371/journal.pone.0181301

8.12 养一只猫对气候变化有什么影响？

'The climate mitigation gap: education and government recommendations miss the most effective individual actions' by Seth Wynes & Kimberly A Nicholas, *Environmental Research Letters* 12:7 (2017)

iopscience.iop.org/article/10.1088/1748-9326/aa7541

8.13 猫是冷漠的鸟类杀手吗？

'The impact of free-ranging domestic cats on wildlife of the United States' by Scott R Loss, Tom Will & Peter P Marra, *Nature Communications* 4, 1396 (2013)

nature.com/articles/ncomms2380

'Are cats causing bird declines?'
rspb.org.uk/birds-and-wildlife/advice/gardening-for-wildlife/animal-deterrents/cats-and-garden-birds/are-cats-causing-bird-declines/

9.02 猫与狗：社会与医学领域

'Pet Population 2020' (PFMA)
pfma.org.uk/pet-population-2020

'Dogs have the most neurons, though not the largest brain: trade-off between body mass and number of neurons in the cerebral cortex of large carnivoran species' by Débora Jardim-Messeder *et al*, *Frontiers in Neuroanatomy* 11:118 (2017)

frontiersin.org/articles/10.3389/fnana.2017.00118/full

9.03 猫与狗：体能的交锋

'The role of clade competition in the diversification of North American canids' by Daniele Silvestro, Alexandre Antonelli, Nicolas Salamin & Tiago B Quental, *Proceedings of the National Academy of Sciences of the United States of America* 112(28) (2015), 8684-8689

pnas.org/content/112/28/8684

9.05 爱猫的人与爱狗的人

'Personalities of self-identified "dog people" and "cat people"' by Samuel D Gosling, Carson J Sandy & Jeff Potter, *Anthrozoös* 23(3) (2010), pp213–222
researchgate.net/publication/233630429_Personalities_of_Self-Identified_Dog_People_and_Cat_People

'Cat people, dog people' (Facebook Research)
research.fb.com/blog/2016/08/cat-people-dog-people/

10.01 猫粮里面有什么？

'Identification of meat species in pet foods using a real-time polymerase chain reaction (PCR) assay' by Tara A Okumaa & Rosalee S Hellberg, *Food Control* 50 (2015), pp9–17
sciencedirect.com/science/article/abs/pii/S0956713514004666

'Pet food' (Food Standards Agency)
food.gov.uk/business-guidance/pet-food

'The history of the pet food industry'
web.archive.org/web/20090524005409/petfoodinstitute.org/petfoodhistory.htm

10.02 为什么猫如此挑食？

'Balancing macronutrient intake in a mammalian carnivore: disentangling the influences of flavour and nutrition' by Adrian K Hewson-Hughes, Alison Colyer, Stephen J Simpson & David Raubenheimer, *Royal Society Open Science* 3:6 (2016)
royalsocietypublishing.org/doi/full/10.1098/rsos.160081#d14640073e1

10.03 猫能成为一个素食主义者吗？

'Differences between cats and dogs: a nutritional view' by Veronique Legrand-Defretin, *Proceedings of the Nutrition Society* 53:1 (2007)
cambridge.org/core/journals/proceedings-of-the-nutrition-society/article/differences-between-cats-and-dogs-a-nutritional-view/A01A77BABD1B6DDD500145D7A02D67A5

致谢

成千上万名优秀的科研工作者和作家将自己的专业知识整理发表，成为本书坚实的理论基础。虽然我引用参考的主要论文和书籍已经在前面列举，但还有数百篇著作对于我们领略奇妙的宠物世界不可或缺。其中大部分研究都是公费资助的研究，但公众还不能畅通无阻地接触这些知识，我真切地希望这个情况能早日改善。

非常感谢Quadrille出版社的莎拉·拉维尔（Sarah Lavelle）、斯泰西·克莱沃斯（Stacey Cleworth）和克莱尔·罗奇福德（Claire Rochford），感谢他们对我的认可，忍受我奇怪的性格和经常拖稿的不良习惯。感谢卢克·伯德（Luke Bird）再一次欣然地接受了我这一本奇怪的书籍。

非常感谢我漂亮的女儿黛西（Daisy）、波比（Poppy）和乔治亚（Georgia），感谢她们让我有独自在花园里写作的时间，以及在晚餐时可以忍受我滔滔不绝地畅谈各种知识。还要感谢我的宠物布鲁和赖皮，在测试犁鼻器功能、顺膜运作方式、跨物种交流以及爪的伸缩性时，忍受我戳个不停。也要感谢布罗迪·汤姆森（Brodie Thomoson）、伊丽莎·黑兹尔伍德（Eliza Hazlewood）和可可·埃廷豪森（Coco Ettinghausen），并且我要一如既往地感谢给予我精神支持的DML传奇团队中的简·克罗克森（Jan Croxson）、博拉·加森（Bora Garson）、卢·莱夫特维奇（Lou Leftwich）和梅根·佩奇（Megan Page）。

最后，非常感谢那些来看我的节目的观众，当我们在舞台上进行那些有趣至极或者非常恶心的科学实验时，你们笑得好开心并给予我掌声。我爱你们！

索引

abstract thought	58–60	ears	89, 100
African wildcats	16, 17, 35, 68, 74, 103	emotions	62–64, 137
ageing	36–37	empathy	64
aggression	36, 94, 97, 99, 100, 101, 134	environmental impact	120–121, 129
		evolution	9, 133
allergies	114, 145	eyelid, third	85
allogrooming	98, 99, 100	eyes	14, 29, 68, 83–84, 90, 97, 99–100
anus-in-face	98		
arched body	101	faces	104
attachment theory	53–56	falls	28, 30–31
		farting	42–43
balance	30	feelings	62–64
barking	34	feral cats	16–17, 64, 99, 100, 123
belly roll	101		
big cats	14–15	fertilizer, mummified cats	12
birds	122–123, 129, 130	fights	51–52, 66, 99, 101
blinking	56, 97, 99	fish	145
body language	97–98	fleas	48–49
bones	21	Flehmen response	87
boxes, sitting in	78–79	flexibility	21
brain	24, 35, 57, 61, 62, 84, 86, 89, 90, 127–128	food	70–71, 88, 110, 120, 138–146
bunting	98, 100	fur	18, 32–33, 46, 47, 75, 101, 114
carnivores	14, 42, 43, 142		
cat-haters	115	gaits	25
catnip	14, 57	grass, eating	144
cheetahs	132	grooming	18, 47, 75, 98, 99, 100
claws	25, 27, 76, 77, 90, 119	guilt	63
climate impact	120–121		
climbing	14, 21, 27, 29, 77	hairballs	33, 46
collarbones	21	hairs	32–33, 101
colon	42, 43	happiness	62–63
communication	14, 28, 34, 92–101	health, cat ownership	105–109, 130
costs	110–111	hearing	89
cucumbers, fear of	74	heart	37
		heat	22, 23, 57, 80, 101
digestive system	39, 42–43, 142, 144	history of cats	9–13
diseases	44, 48, 105, 106, 108–109	homing ability	72
DNA	14, 15	hunting	25, 29, 35, 47, 59, 68, 83, 84, 103, 112, 122–123, 129, 130–134
dogs vs cats	125–137		
domestication	10, 68, 103, 126		
dreaming	59, 61		

indoor cats	37, 113, 118	scratching	76
insurance	111	self-righting skills	21
intelligence	127–128	senses	82–91
		sex	22–23
jumping	21	sleep	14, 35, 47, 61, 66
		smell, sense of	86–87
kittens	23, 36–37, 53, 80–81, 94,	sociability	129, 135
	95, 104, 113, 119	speed	132
kneading behaviour	119	stamina	132
		stroking floor	146–147
lead, walking on	113	sweating	47
licking	97–98, 100		
life expectancy	37	tails	28, 54, 97, 99
lions	15, 18, 27, 99, 142	tapetum lucidum	14, 83
litter trays	13, 41, 116	taste, sense of	88
love	53–56, 127	temperature, body	47
		territory	66–67, 86
massaging behaviour	119	thought, abstract	58–60
mating	22–23, 80	tigers	14–15, 18, 142
meat	39, 42, 139–140, 142	toes	25–26, 133
meowing	34, 93–94, 99	toms (un-neutered male)	22–23, 40, 51, 80
mice	65, 68, 89, 108, 109,	tongues	18–19, 46, 75, 88
	130	touch, sense of	90–91
mummified cats	10, 12	toxoplasmosis	108–109
		training cats	116–117, 130
nocturnal behaviour	68	trees	77
outdoor cats	37, 66, 71, 118	urine	40, 66, 86, 146
		usefulness	130–131
paws	24, 25–26, 47, 76, 90,		
	119	Van cats	73, 75
pee (urine)	40, 66, 86, 146	vegan diet	142–143
penis	22–23	vestibular system	30
poo	39–40, 41, 109, 116,	vision	68, 83–84
	120, 129, 146	vomeronasal organ	14, 86–87
popularity	127	vomiting	44–45, 46, 144
pregnancy	23		
problem solving	58–60	walking	25
protein	39, 42, 88, 141	water	75, 145
purring 1	4, 54, 62, 94, 95–96	whiskers	14, 32, 90–91
		wildcats	16, 17, 35, 62, 68, 74
rubbing	100	wildlife	122–123
scents	40, 76, 86–87, 98, 99, 100	zoonoses	108–109

This is the translation edition of CATOLOGY.

First published in the United Kingdom by Quadrille, an imprint of Hardie Grant UK Ltd. in 2021

Text © Stefan Gates 2021

Design, illustrations and layout © Quadrille 2021

All rights reserved.

©2023辽宁科学技术出版社

著作权合同登记号：第06-2022-175号。

图书在版编目（CIP）数据

怪诞猫科学 / （英）斯蒂芬·盖茨著；唐祥译，富煜雯译. — 沈阳：辽宁科学技术出版社，2023.8

ISBN 978-7-5591-2980-2

Ⅰ.①怪… Ⅱ.①斯… ②唐… ③富… Ⅲ.①猫—普及读物 Ⅳ.①Q959.838-49

中国国家版本馆 CIP 数据核字（2023）第 061278 号

出版发行：辽宁科学技术出版社

（地址：沈阳市和平区十一纬路 25 号　邮编：110003）

印　刷　者：辽宁新华印务有限公司

经　销　者：各地新华书店

幅面尺寸：145mm×205mm

印　张：5

字　　数：150 千字

出版时间：2023 年 8 月第 1 版

印刷时间：2023 年 8 月第 1 次印刷

责任编辑：张歌燕　殷　倩

装帧设计：袁　舒

责任校对：王玉宝

书　　号：ISBN 978-7-5591-2980-2

定　　价：49.80 元

联系电话：024-23284354

邮购热线：024-23284502

E-mail:geyan_zhang@163.com